生存本领

SHENGCUN BENLING

赵飞◎编著

中国言实出版社

图书在版编目（CIP）数据

生存本领／赵飞编著．——北京：中国言实出版社，2017.1
ISBN 978-7-5171-2229-6

Ⅰ．①生… Ⅱ．①赵… Ⅲ．①人生哲学-通俗读物Ⅳ．①B821-49

中国版本图书馆 CIP 数据核字（2017）第 022496 号

出 版 人：王昕朋
总 监 制：朱艳华
责任编辑：郭江妮

出版发行 中国言实出版社
地　址：北京市朝阳区北苑路 180 号加利大厦 5 号楼 105 室
邮　编：100101
编辑部：北京市海淀区北太平庄路甲 1 号
邮　编：100088
电　话：64924853（总编室）　64924716（发行部）
网　址：www.zgyscbs.cn
E-mail：zgyscbs@263.net

经　销 新华书店
印　刷 北京紫瑞利印刷有限公司
版　次 2017 年 1 月第 1 版　2017 年 1 月第 1 次印刷
规　格 710 毫米×1000 毫米　1/16　印张 17
字　数 229 千字
定　价 38.00 元　　ISBN 978-7-5171-2229-6

序言

Preface

“大智若愚，大巧若拙，大直若屈，大辩若讷……”这是古圣先贤历经思考之后留给后人的生存智慧，虽然这些理念已经提出来了几千年了，但是它们日久而弥新，被历代有杰出成就的人当成信条，用来指引他们的人生道路。

“聪明反被聪明误”。翻开历史的画卷，无数绝顶聪明之人虽有一时之功绩，但无一世之功业，虽有一时之显赫，但无一生之荣贵，其中最重要的一个原因，在于他们不能把自己的聪明转化为智慧，没有掌握真正地生存本领和大智慧。而真正领悟了生存智慧并且能够践行这些智慧的人，能够在各种纷繁复杂且险恶的环境之中脱颖而出，建立起彪炳千古的丰功伟业，独享一世之平安荣耀，在历史上镌刻下自己的名字，为后人所崇拜和学习。

为何如此？因为这些生存本领点破了中国人为人处世、谋事成业的要害，道出了要达到和谐幸福人生目标的关键。这些生存智慧是真正的大智慧大聪明大学问。它既是一种世事洞明的智慧，也是筚路蓝缕、坎坷跌宕之后的顿悟；既是一种心怀远大，举重若轻的谋略，也是一种淡泊名利，追求至善的境界；既是一种临危不乱、挥洒自发的气度，更是扫除障碍、迂回进取的人生策略。达此境界，你就可以做到退可独善其身，进可兼济天下。

现代社会竞争加剧，我们更需要懂得如何有效胜出；面临的压力越来越大，我们更需要学会如何保持心灵的平衡；面对的职场环境越来越恶劣，我们更需要懂得如何保护自己；拥有的资源越来越稀缺，我们更需要如何以小谋大；面对的诱惑越来越多，我们需要更好地把握分寸……而这些，都离不开这些生存智慧的指导。

本书从大巧若拙、难得糊涂、隐忍不发、低调谦谨、韬光养晦、大谋容忍、以小谋大、心态平和、知足远祸、大辩若讷等十个方面入手，阐明了通达智慧生存的路径，并通过大量的历史事例和当代实例来加以说明，融理论性与实践性、思想性与可读性、可操作性与指导性于一体，以帮助广大读者掌握真正的生存本领，使大家总能于复杂险恶的环境中能够做到安身立命，在复杂诡异的人生路上进退自如，绕开弯路，开创广阔的发展空间，成就一份辉煌的事业，收获丰盈美满的人生！

目 录

Contents

第一章 大智若愚：不争而胜天下的生存智慧

大智若愚是东方传统文化中的一种智慧人生境界，是真正的大智慧大聪明大学问。达此境界者，退可独善其身，进可兼济天下。大智若愚既是一种世事洞明的智慧，也是风霜雪雨、坎坷跌宕之后的顿悟；既是一种心怀远大、举重若轻的谋略，也是淡泊名利，泰然安详的境界；既是一种气宇轩昂、洒脱不羁的气度，更是扫除障碍、迂回进取的人生策略。经常研习大智若愚术，你就能真正做到左右逢源，不为烦恼所扰，不为人事所累，拥有一个幸福、快乐、成功的人生。

第二章 放低姿态：无往而不利的做人艺术

地低为海，人低为王。历史经验证明，高调者易招祸，低调者易致福。低调行事，可让人有效保护自身，有效赢取他人信任，可轻易化解他人忌妒，可轻易赢取人心，受到别人的欢迎，可让自己拥有好心情。大智若愚者把低调谦虚作为自己为人之良策，是做事之良方，处处避免高调自大，保持谦虚谨慎，通过放低姿态来避免他人的妒忌，做到无往而不利，无路而不顺，无事而不成。

第三章 难得糊涂：超越精明的处世艺术

人生之事，大是大非之事很少，大部分是琐碎小事，是非对错之分很微妙，这时巧装一下糊涂，不但可以让自己超脱出来，更能让自己获得更长远的利益。大智若愚深明舍小求大之道理，在为人处世之中巧妙地装一下糊涂，随方就圆，不认死理，有些时候不过于计较，有些时候视而不见，还有些时候不置可否，这样他们就能自然而然能妥善处理好世间的各种关系，左右逢源，进退有据，获得人际关系的和谐，赢得他人的认同。

第四章　韬光养晦：保存实力的生存艺术

实力决定成败。这个世界是凭实力来分配资源和利益的，在竞争中如果你实力不够强行出头，就有可能会导致失败。大智若愚者深明在时势不利时保存自己实力的重要性，采用各种韬晦之术来隐藏自己的真实意图，不断积蓄力量图谋进取。一旦时机成熟，果断才出手，全力争胜，赢得属于自己的资源和利益，达成既定目标。

第五章　隐忍不发：耐心坚持的成事艺术

古语云："小不忍则乱大谋"，小事情面前不能忍让，便会败坏大事业。忍能使人免受外界袭扰，不夹在矛盾的风浪尖上，不陷入无聊的人事中，有充分的时间了解社会、感受职场，有饱满的精力思考人生，谋划事业。大智若愚者深知忍耐对于谋事成事的重要性，把"忍一时风平浪静，退一步海阔天空"作为处世的原则，不争眼前高低，不为小事生气，谦让优先，沉稳为上，在面对不利条件下能够做到坚忍不摧，以忍耐作为策略来实现自己的人生目标。

第六章　大度宽容：赢得信任的攻心艺术

要想获取人心，拥有良好的人际关系，大度宽容是一个必不可少的法宝。大智若愚者都拥有大度宽容的胸襟，他们能对那些在意见、习惯和信仰方面与他不同的人表示友好和接纳，能够容忍别人的短处、缺点和所犯下的错误，做事总是能够给别人留有余地，从而在人际交往中游刃有余，能够赢得人心，获得他人的尊敬和信任，从而成就自己的事业。

第七章　舍小谋大：吃亏是福的谋事艺术

全局胜于局部，大利强于小利，这是一个任何人都明白的道理，可是在生活中却很少有人做到这一点，相反，他们往往为了一点小利而不计大利，为了局部的胜利而丢弃全局的成功。大智若愚者与这些人相反，他们在任何时候都能做到以全局、整体优先，自觉地把以小谋大、以退为进、先予后取作为自己做事的策略，平时适当让步，吃点小亏，但在最后时候总能占得大便宜，在全局获得胜利，达成自己的目标。

第八章　淡泊知足：掌控欲望的避害艺术

老子曰："祸莫大于不知足"。万千世界的诱惑太多，功名利禄，酒色财气，处处皆是陷阱，如果一个人不能控制自己的欲望，就有可能禁不起外在诱惑而犯下不能弥补的错误，导致终身遗憾。大智若愚者深知不合理欲望的危害性，他们能够控制欲望而不被欲望所控制，总是能够适可而止，见好就收，在名利面前永远保持清醒状态，不为身外之物而误事，让自己避祸趋福，永保自身平安幸福。

第九章　大辩若讷：避免失言的话语艺术

古语云：君子三缄其口。又云：不得其而言，谓之失言。大智若愚者懂得祸从口出的道理，深知失言的害处，他们总是看破而不说破，平时沉默是金，寡言少语，不让自己陷入是非纠纷的漩涡中，即使要说也是做到充分掌握分寸，说话之前每一句话都得再三推敲，让别人无法从自己的言语中找到破绽，说话之时含蓄委婉，抓住关键，让自己的意图得到实现。

第十章　心平气和：快乐幸福的生活艺术

只有在心态上保持心态平静和平和，才能够理性去做事，去追求自己最大的利益和幸福。大智若愚者深知保持良好心态的重要性，他们会控制好情绪，保持心态平衡，不随便为小事生气，不把闲事挂心头，不把得失放心头，并学会制造好心情。这使他们能够永远都保持一种积极和快乐的心态，从而在人生的旅途中把握自我和超越自我。

|第一章|

大智若愚：不争而胜天下的生存智慧

大智若愚是东方传统文化中的一种智慧人生境界，是真正的大智慧大聪明大学问。达此境界者，退可独善其身，进可兼济天下。大智若愚既是一种世事洞明的智慧，也是风霜雪雨、坎坷跌宕之后的顿悟；既是一种心怀远大、举重若轻的谋略，也是淡泊名利，泰然安详的境界；既是一种气宇轩昂、洒脱不羁的气度，更是扫除障碍、迂回进取的人生策略。经常研习大智若愚术，你就能真正做到左右逢源，不为烦恼所扰，不为人事所累，拥有一个幸福、快乐、成功的人生。

生存本领

大智若愚是一种人生至境

因为看透，所以宽厚；因为明白，所以不争；因为智慧，所以纯朴。真正的智者，是不会把聪明两个字时刻写在脸上的。

明代大作家吕坤写道："愚者人笑之，聪明者人疑之。聪明而愚，其大智也。夫《诗》云'靡哲不愚'，则知不愚非哲也。"其意思是：愚蠢的人，别人会讥笑他；聪明的人，别人会怀疑他。只有既聪明但是看起来又愚笨的人，才是真正的大智者。

照字面解释，"大智若愚"的意思就是有大智大慧大觉大悟的人不显露才华，外表上好像很愚呆。事实上，这既是一种至高的人生境界，又是人生大谋的回答。就前者而言，大智的人如同风一样自由，无牵无挂，无拘无束，俗世的一切都在身外。就后者而言，是在人前收敛自己的智慧，一种混混沌沌的样子，在小事上常常不如一般人精明，应变能力好像差一些。这正是城府很深的表现。假装愚钝，让人以为自己无能，让人忽视自己的存在，而在必要时，可以不动声色，先发制人，让别人失败了还不知是怎么回事。做人应尽量避免显山露水，不要成为别人妒忌的目标；愚蠢而危险的虚荣心满足之日，就是一个人失败之时。

另外，"大智若愚"，并非故意装疯卖傻，并非故意装腔作势，也不是故作深沉，故弄玄虚，而是待人处事的一种方式，一种态度，即：心平气和，遇乱不惧，受宠不惊，受辱不躁，含而不露，隐而不显，自自然然，平平淡淡，普普通通，从从容容，看透而不说透，知根而不亮底，凡事心里都清清楚楚，明镜儿似的，而表面上却显得不知、不懂、不明、不晰。

大智若愚既表现在人的面部表情上，也表现在人的行为举止上。大智若愚的人给别人的印象是，即：时常笑容满面，宽厚敦和，平易近人，虚怀若谷，不露锋芒，有时甚至显得有点木讷，有点迟钝，有点迂腐。但我们需要切记：若愚者，即似愚也，而非愚也。因此"若愚"只是一种表象，只是一种策略，而不是真正的愚笨。在“若愚”的背后，隐含的是真正的大智慧大聪明大学问。而只要是真正具有大智慧大聪明大学问的人往往给人的印象总是显得有点愚钝。因此，中国才有了“大智若愚”这个含有很深哲理意义的成语，从而也丰富了中国的人生哲学。

大智若愚，这的确是中国人五千年文明智慧的一大结晶啊！

大智若愚让人有更多的成功机会

人一生不应对什么事都斤斤计较，该糊涂时糊涂，该聪明时聪明。

有句成语“吕端大事不糊涂”，说的正是小事装糊涂，而在关键时刻，才表现出大智大谋。中国古代这样的大智若愚者是很多的。

宋代宰相韩琦以品性端庄著称，遵循着得饶人处且饶人的生活准则，从来不曾因为有胆量而被人称许过，可是在下面两件事上的神通广大，实在是没有第二个人可比。这才是“真人不露相”的注脚。对于这样的老好人谁会防范呢？他因此而得以在无声无息中做了两件大事。

第一件事：当宋英宗刚死的时候，朝臣急忙召太子进宫，太子还没到，英宗的手又动了一下，宰相曾公亮吓了一跳，急忙告诉宰相韩琦，想停下来不再去召太子进宫。韩琦拒绝说：“先帝要是再活过来，就是一位太上皇。”韩琦越发催促人们召太子，从而避免了权力之争。

第二件事：担任大内都知职务的任守忠很奸邪，反复无常，秘密探听东西宫的情况，在皇帝和太后间进行离间。韩琦有一天出了一道空头敕书，参政欧阳修已经签了字，参政赵概感到很为难，不知怎么办才好。欧阳修说：“只要写出来，韩琦一定有自己的说法。”韩琦坐在政事堂，用未经中书省而直接下达的文书把任守忠传来，让他站在庭中，指责他说：“你的罪过应当判死刑，现在贬官为蕲州团练副使，由蕲州安置。”韩琦拿出了空头敕书填写上，派使臣当天就把任守忠押走了。

要是换上另外的爱耍弄权术的人，任守忠会轻易就范吗？显然不会，因为他也相信一贯诚实的韩琦的说法，不会怀疑其中有诈。这样，韩琦轻易除了蠹虫，而仍然不失忠厚。所以大智若愚实在是一种人生的最高修养，也是一种做人的谋略。大智若愚的人总有更多的成功的机会。

晋代人谢万，是谢安的弟弟。曾经和蔡系争一个座位，蔡系把谢万从位子上推了下去。谢万慢慢站起来，拍拍衣服，边坐回座位边说："你差点儿弄伤我的脸。"蔡系说："本来就没有考虑到你的脸。"后来两人都没有把这件事挂在心上，当时人们都称赞他们。

这些都是历史上有名的忍让的故事，受侮受损的一方都没有为自己的难堪和损失而大发其怒，记恨于心，相反地，都表现出宽宏大量、毫不计较的美德和风度。结果得到了大家的敬重，也使伤人者感到无地自容。

大智若愚，从一个角度来说，也可理解为小事愚，大事明。对于个人来说是一种很高的修养。所谓愚，是指有意糊涂。该糊涂的时候，就不要顾忌自己的面子、自己的学识、自己的地位、自己的权势，一定要糊涂。而该聪明、清醒的时候，则一定要聪明。由聪明而转糊涂，由糊涂而转聪明，则必左右逢源，不为烦恼所扰，不为人事所累，这样你也必会有一个幸福、快乐、成功的人生。

客观的经验告诉我们，在交际方面不要过于"精明"。交际应是人与人情感的沟通和交流。只要诚恳待人就足够了，难道还需要什么别的东西去掺杂么？对人，不必精明；对朋友，傻点更好。交际中的"精明"容易把应该纯朴真挚的关系，人为地弄复杂，使人感到刁钻奸猾，敬而远之。这样精明的结果，只能以自己成为孤家寡人而告终。

大智若愚让人有好的运气

有的时候不妨装装傻，可以减少人生的不少阻力。

看古典小说《红楼梦》后，特佩服薛宝钗的谋略，其待人接物极有讲究，且善于从小事做起：元春省亲与众人共叙同乐之时，制一灯谜，令宝玉及众裙钗粉黛们去猜。黛玉、湘云一干人等一猜就中，眉宇之间甚为不屑，而宝钗对这“并无甚新奇”，“一见就猜着”的谜语，却“口中少不得称赞，只说难猜，故意寻思”。有专家一语破“的”：此谓之“装愚守拙”，因其颇合贾府当权者“女子无才便是德”之训，实为“好风凭借力，送我上青云”之高招。读之而想，不由拍案：绝了！

看《射雕英雄传》，忽然发现，郭靖之所以成为郭靖，并不只是因为黄蓉，而是他的傻。在他成功的道路上，有无数的善良人心甘情愿地为他当铺路石，黄蓉只是最大的那一块而已。

想想吧，他四肢发达，头脑简单，所有的聪明人都把他当成弱者，忙不迭地为他出谋划策，江南七怪为他贡献了下半辈子，全真派老道守着内功心法不肯指点梅超风，可是却不惜千里到他身边手把手地教他；九阴真经、降龙十八掌是人人都想要的，却无一例外落到他的手上。

人们常说：傻人有傻福。为什么？因为无论是聪明人还是傻人，都喜欢关照傻人。

小陈和小张一起进了公司。小陈是农村孩子，辛辛苦苦考上了上海的大学。据说他第一次坐火车上学时，是他爸爸骑自行车把他送到车站的；小张是上海小囡，学习优秀，技能多样，一看就是精干的样子。两人进了一个部门，遇到的是同一个部门经理，待遇却大相径庭。

经理觉得小陈实在是不容易，所以不忍心打击这个艰难长大的孩子，小陈效率低，因为他不熟悉上海；小陈业绩差，因为他在上海没有根基。而小陈谦虚、诚恳，看见部门经理立刻把她当成大人物，态度恭敬，为人热情。这些安慰着部门经理在职场上已经沧桑的心。

小张很敬业，工作上手很快，成绩斐然，可是经理觉得这是应该的，遇到小张犯了一点错误，经理会说："小张，这种错误你也会犯？聪明面孔白长了？"小张有点娇气，且大二就开始在大公司实习的她见过不少大人物，一个小小的部门经理还不在她崇拜的名单上，所以遇到经理批评她，脸色就有点难看。她的脸色难看，经理的脸色自然也好看不了。

于是经理每次派给小陈的活总比小张的简单，因为他能力有限。工作业绩评估的时候，小张听见的赞扬也没有小陈多，因为小陈的态度好，主观能动性强。小张很有点不甘心。其实小张应该看开一点，黄蓉的资质多好，洪七公硬是没有把降龙十八掌传给她，到了《神雕侠侣》的时候，还差点儿成了一个坏人，她不是比小张还冤？

看似精明的人成功起来的确会难一些，因为你还未开口，别人已经把你当成了假想敌，和防备着你的人合作总会有点难。或者周围的人觉得你有不错的资质，对你的期望过高也是一种阻力，因此你让他们失望的概率会更高。

——如是看来，人还是傻一点好，不够傻的话，就装装傻吧。

装傻，看似愚笨，实则聪明。人立身处事，不矜功自夸，可以很好地保护自己。即所谓"藏巧守拙，用晦如明"。

人人都想表现聪明，装傻似乎是很难的。这需要有傻的胸怀风度，既能够傻，又愚得起。《菜根谭》说："鹰立如睡，虎行似病。"也就是说老鹰站在那里像睡着了，老虎走路时像有病的模样，这就是它们准备猎物吃人前的手段，所以一个真正具有才德的人要做到不炫耀，不显才华，这样才能很好地保护自己。

古时有"扮猪吃虎"的计谋，以此计施于强劲的敌手，在其面前尽量把自己的锋芒收敛，"若愚"到像猪一样，表面上百依百顺，装出一副为奴为婢的卑躬，使对方不起疑心，一旦时机成熟，即一举把对手结果了。这就是"扮猪吃虎"的妙用。

不过，装傻实在是一门高超的大智若愚术。它需要出色的表演才能：拿出来表演的，是为了愚人耳目，真功夫却不可告人。或者装疯，或者装哑，或者装傻，或者装不知道。宗旨只有一个，那就是掩藏真实目的；要求也只有一个，即逼真，使旁观者深信不疑。

既是演戏，除了演技之外，顶要紧的是自信。自信自己会成功，自信自己确能愚人耳目，自信自己演技胜人一筹。这样，演起戏来才会面不改色心不跳，沉着冷静，应付自如，仿佛完全进入角色。

孔子年轻的时候，曾经受教于老子。当时老子曾对他讲："良贾深藏若虚，君子盛德容貌若愚。"即善于做生意的商人，总是隐藏其宝货，不令人轻易见之；而君子之人，品德高尚，而容貌却显得愚笨。其深意是告诫人们，过分炫耀自己的能力，将欲望或精力不加节制地滥用，是毫无益处的。

中国旧时的店铺里，在店面是不陈列贵重的货物的，店主总是把它们收藏起来。只有遇到有钱又识货的人，才告诉他们好东西在里面。倘若随便将上等商品摆放在明面上，岂有贼不惦记之理。不仅是商品，人的才能也是如此。俗话说："满招损，谦受益"，才华出众而又喜欢自我炫耀的人，必然会招致别人的反感，吃大亏而不自知。所以，无论才能有多高，都要善于隐匿，即表面上看似没有，实则充满的境界。

所以聪明不露，才有任重道远的力量。人们不管本身是机巧奸猾还是忠直厚道，几乎都喜欢傻呵呵不会弄巧的人，这并不以人的性情为转移，所以，要达到自己的目标没有机巧权变是不行的，要学会装傻、懂得藏巧，不为人所识破，也就是大智若愚。

大智若愚让人更能保护自己

愚笨的人会遭到别人的耻笑，而聪明的人却会遭到别人的怀疑。只有内心聪明，外表却表现得很愚笨的人，才是最聪明的人。

《诗经》中说“靡哲不愚”，聪明人没有不装作愚笨的，可见如果不装作一副很愚钝的样子，就不是真正的聪明人。

成大事的人知道聪明是一笔财富，关键在于怎么使用。真正聪明的、有智慧的人会使用自己的聪明和智慧，即做到深藏不露，不到火候时不会轻易使用，要貌似平常，让人家不眼红你，最终达到成大事的目的。

箕子佯狂就是运用此计的一个典型。

殷商时期，纣王的太师箕子因无法劝说纣王放弃暴政，便佯装痴傻。一次，纣王进行长夜之饮，喝得酩酊大醉，连年月日也忘记了，便问左右的人，大家因畏惧纣王凶残，不愿惹祸上身，都跟着说不知道。于是，纣王派人去问箕子。箕子听了这样一个简单而奇怪的问题，想了一下，也说自己不知道。左右的人感到奇怪，便问箕子道：“你明明知道，为什么也说不知道呢？”

箕子回答说：“纣王是天子，他终日沉迷酒色，连年月日都搞不清了，这说明殷朝快要亡国了。纣王身边的人因害怕纣王凶残无道都说不知道的事情，独独我说知道，那我的性命不是危在旦夕了吗？所以，我也假装酒醉说弄不清啊！”

当世人皆醉而一人独醒时，这人将会永远孤独。更何况，高处不胜寒，举世皆醉又怎能容得下不醉之异端？历史智慧点点滴滴地告诉我们，聪明与糊涂是相对的。不少时候，有人自恃才高，结果会聪明反被聪明误。

在从政的过程中，在职场浮沉的过程中，切忌只知伸，不知屈；只知进，不知退；只知要小聪明，不知深藏于密；只知自我显示，不知韬光养晦。

“大智若愚”是在平凡中表现不平凡，在消极中表现积极，在无备中表现有备，在静中观察动，在暗中分析明，因此它比积极、比有备、比动、比明更具优势，更能保护自己。

有人大智若愚，同样也有人大愚若智，区别在于是否有自知之明。一个人不自我表现，反而显得与众不同；不自以为是，反而会超出众人；不自夸成功，反而会成就大事，这就是大智若愚。那些盲目自傲、不宽容、要小聪明、固执己见、自以为是、好大喜功、爱出风头的人在任何一方面都难成大事，这便是大愚若智。

常言道：难得糊涂，糊涂难得。深藏不露，大智若愚，一可防权势显赫者害贤之心，二可防同道之人的嫉妒之心，三可防小人的记恨破坏之心。

聪明外露易伤害自身

如果不该聪明时刻意展露聪明，反而是最大的不聪明了。

《孟子·尽心章句下》中说：只有点小聪明而不知道君子之道，那就足以伤害自身。盆成括做了官，孟子断言他的死期到了。盆成括果然被杀了。孟子的学生问孟子如何知道盆成括必死无疑，孟子说：盆成括这个人有点小聪明，但却不懂得君子的大道。这样，小聪明也就足以伤害他自身了。小聪明不能称为智，充其量只是知道一些小道末技小道末。技可以让人逞一时之能，但最终会祸及自身。《红楼梦》中的王熙凤，机关算尽太聪明，反误了卿卿性命，聪明反被聪明误就是这个意思。只有大智才能使人伸展自如，只有大智才是人生的依凭。

“古今得祸，精明人十居其九”。杨修恃才放旷，最终招致杀身之祸。他的才华，大智者看来，其实只是小聪明。大智者虽心里明白而不随便表露出来，绝不是表现比别人聪明。如果杨修知道他的聪明会给他带来灾祸，他还会要小聪明吗？所以他的愚蠢处就在于他不知道自已的聪明一定会招来灾祸。这样的人是聪明吗？显然不是。多年中，他被提拔得很慢，显然是曹操不喜欢他的缘故，对此他没有意识到。曹操对他厌恶，疑心越来越深，他也没有意识到，这就是说，该聪明的时候他反倒真糊涂起来了。如果他能迎合曹操不表现他的聪明，或适时适地适量地表现才能，那么他很可能会成功的。人们也许会说，杨修之死，关键在于曹操的聪明和他的多疑。但是换了谁，哪一个上级愿意让部下知道他的全部心思、他的用意呢？显然杨修最终非失败不可。这可算是“聪明反被聪明误”的典型。罗贯中说他“身死因才误，非关欲退兵”，也只是说对了一半。他的才华太外露了，从谋略来看，尚不是真才，不是大才，那么除了灾祸降临，他还会有什么结果？曹操何等聪明之人，在他跟前，笨蛋当然不会受重用，才能太露又有“才高盖主”之嫌，非但不会受重用，还能引来灾祸。所以真正聪明的人会掌握“度”，过犹不及，就是说，太聪明反倒不如不聪明，实在是至理名言啊！

明代大政治家吕坤以他丰富的阅历和对历史人生的深刻洞察，写出了《呻吟语》这一千古处世奇书。书中说了一段十分精辟的话："精明也要十分，只须藏在浑厚里作用。古今得祸，精明者十居其九，未有浑厚而得祸者。今人之唯恐精明不至，乃所以为愚也。"

这就是说，聪明是一笔财富，关键在于使用。财富可以使人过得很好，也可以使人毁掉。凡事总有两面，好的和坏的，有利的和不利的。真正聪明的人会使用自己的聪明，那主要是深藏不露，或者不到刀刃上、不到火候时不要轻易使用，一定要貌似浑厚，让人家不眼红你。一味耍小聪明，其实是笨蛋。因为那往往是招灾惹祸的根源。无论是从政，是经商，是做学问，还是治家务农，都不能耍小聪明。

西方有这样一种说法，法兰西人的聪明藏在内，西班牙人的聪明露在外。前者是真聪明，后者则是假聪明。培根认为，不论这两国人是否真的如此，但这两种情况是值得深思的。他指出："生活中有许多人徒然具有一副聪明的外貌，却并没有聪明的实质——小聪明，大糊涂，冷眼看看这种人怎样机关算尽，办出一件件蠢事，简直是令人好笑。例如有的人似乎是那样善于保密，而保密的原因，其实只是因为他们的货色不在阴暗处就拿不出手……这种假聪明的人为了骗取有才干的虚名，简直比破落子弟设法维持一个阔面子诡计还多。但是这种人，在任何事业上也是言过其实，不可大用的。因为没有比这种假聪明更误大事的了。"

道理就是这么简单。一个不知道"急流勇退"的人实在是一个傻瓜，一个机关算尽的人最终会被算到自己身上。俗语云："搬起石头砸自己的脚"，正好是"聪明反被聪明误"的绝好写照。

外愚内智是处世的高超方法

装傻有时候只是一种手段，真正的智慧永远不会因为外表愚笨而失去。

明朝时，况钟最初以小吏的低微身份追随尚书吕震左右。况钟虽是小吏，但头脑精明，办事忠诚。吕震十分欣赏他的才能，推荐他当主管，升郎中，最后出任苏州知府。

初到苏州，况钟假装对政务一窍不通，凡事问这问那。府里的小吏们怀抱公文，个个围着况钟转悠，请他批示。况钟佯装不知，瞻前顾后地询问小吏，小吏说可行就批准，不行就不批准，一切听从下属的安排。这样一来，许多官吏乐得手舞足蹈，个个眉开眼笑，说况钟是个大笨蛋。

过了三天，况钟召集全府上下官员，一改往日温柔愚笨之态，大声责骂道："你们这些人中，有许多奸佞之徒，某某事可行，他却阻止我去办；某某事不可行，他则怂恿我，以为我是个糊涂虫，耍弄我，实在太可恶了！"况钟下令，将其中的几个小吏捆绑起来一顿狠揍，鞭挞后扔到街上。

此举使余下的几个下属胆战心惊，原来知府大人心里明亮着呢！个个一改拖拉、懒散之风，积极地工作，从此苏州得到大治，百姓安居乐业。

况钟用外愚蒙蔽了对手，待到时机成熟，内智喷薄而出，好似伪装成不会武功的叫花子，探明了对手的虚实后拔剑而出，一刀制敌，干净利落。

唐朝第十七位皇帝李忱，是第十一位皇帝唐宪宗的十三子。李忱自幼笨拙木讷，与同龄的孩子相比似乎略为弱智。随着年岁的增长，他变得更为沉默寡言。无论是多大的好事还是坏事，李忱都无动于衷。平时游走宴集，也是一副面无表情的模样。这样的人，委实与皇帝的龙椅相距甚远。当然，与龙椅相距甚远的李忱，自然也在权力倾轧的刀光剑影中得以保存自己。

命运在李忱36岁那年出现了转折。会昌六年（846年），唐朝第十六位皇帝唐武宗食方士仙丹而暴毙。国不可一日无主，在选继任皇帝的问题上，得势的宦官们首先想到的是找一个能力弱的皇帝，这样才有利于宦官们继续独揽朝政、享受荣华富贵。于是，身为三朝皇叔的李忱，就在这一背景下被迎回长安，黄袍加身。但李忱登基的那一天，令大明宫里所有人都惊呆了。在他们面前的，哪是什么低能儿，简直就是一个聪明睿智的人。不怀好意的宦官们都被皇帝的不凡气度所震惊，后悔选了李忱作为皇帝。

唐宣宗李忱登基时，唐朝国势已很不景气，藩镇割据，牛李党争，农民起义，朝政腐败，官吏贪污，宦官专权，四夷不朝。唐宣宗致力于改变这种状况，他先贬谪李德裕，结束牛李党争。宣宗勤俭治国，体贴百姓，减少赋税，注重人才选拔，唐朝国势有所起色，阶级矛盾有所缓和，百姓日渐富裕，使暮气沉沉的晚唐呈现出“中兴”的局面。宣宗是唐朝历代皇帝中一个比较有作为的皇帝，因此被后人称之为“小太宗”。另外，唐宣宗还趁吐蕃、回纥衰微，派兵收复了河湟之地，平定了吐蕃，名义上打通了丝绸之路。无奈大中年间唐朝已积重难返，国力衰退，社会经济千疮百孔，只依靠统治阶级枝枝节节的改革已无法改变唐帝国衰败之势。

李忱的装傻功夫可谓炉火纯青。他自信沉着地演了36年戏，将愚不可及的形象深入人心，在保全自己的同时，用内智成就了一番伟业。

古人云：“鹰立如睡，虎行似病，正是其攫鸟噬人的法术。故君子聪明不露，才华不逞，才有任重道远的力量。”这大概可以形象地诠释“大智若愚，大巧若拙”这句话的具体含义。一般说来，人性都是喜直厚而恶机巧的，而胸有大志的人，要达到自己的目的，没有机巧权变，又绝对不行，尤其是当他所处的环境并不如意时，那就更要既弄机巧权变，又不能为人所厌戒，所以就有了鹰立虎行如睡似病的外愚内智处世方法。

积极修炼“愚”的本事

人生并非永远一帆风顺，身处逆境时必须有保全自己的办法，而大智若愚就是其中最有效的一种。

“愚不可及”这句话已经成为生活中的常用语，用来形容一个人傻到了无以复加的程度。但要是查一下出典，就会知道此话最早出于孔子之口，原先并不带贬义，而是一种赞扬：“子曰：‘宁武子，邦有道则知，邦无道则愚。其知可及也，其愚不可及也。’”

宁武子是春秋时代卫国有名的大夫，姓宁，名俞，武是他的谥号。宁武子经历了卫国两代的变动，由卫文公到卫成公，两个朝代国家局势完全不同，他却安然做了两朝元老。卫文公时，国家安定，政治清平，他把自己的才智能力全都发挥了出来，是个智者。到卫成公时，政治黑暗，社会动乱，情况险恶，他仍然在朝做官，却表现得十分愚蠢鲁钝，好像什么都不懂。但就在这愚笨外表的掩饰下，他还为国家做了不少事情。所以，孔子对他评价很高，说他那种聪明的表现别人还做得到，而他在乱世中为人处世的那种包藏心机的愚笨表现，则是别人所学不来的。

其实，真正学不到的是宁武子的那种不惜装愚以利国利民的情操。在这个意义上讲，宁武子是个不折不扣的处世高手。至于装愚本身，历来是中国人习用的一种策略。中国人素来是很精明的，越是精明的人越知道聪明人处世难，容易招致嫉妒、物议，甚至为聪明而丧生。曹操为了嫉妒杨修的才能（当然还有其他原因）而杀了他；隋炀帝为了嫉妒王胄的诗才，也所以，从老子开始，中国人就深悟了“大智若愚”的道理，越是聪明，表现得越是愚笨，以便在别人的轻视和疏忽中经营自己的天地。宁武子实质上也就是运用了这一策略。

装愚可以掩盖自己的聪明，更可以掩护自己的失误。中国人喜欢“藏拙”，把自己不行、不能的地方藏起来，不让人发现，而最好的藏拙办法就是装愚。愚笨似乎总是一个可以并且应该得到原谅的缺点。一个人已经愚笨了，对他还能有什么要求？特别是处于某种轻重不得的尴尬局面时，装愚也许是最佳选择了。

明武宗南巡，扬州知府蒋瑶少不得要接待圣驾，但蒋瑶为人清廉方正，不肯横征暴敛来巴结皇上身边的那些小人，因此，得罪了他们。

明武宗是个游猎钓鱼迷，这一天正好钓到一条大鲤鱼，想找个人卖给他。御钓之鱼岂是常人买得起的？那些小人一看机会到了，就对皇帝说，这条鱼卖给扬州知府最合适了。明武宗听了，真的把蒋瑶叫来，要他买下鲤鱼。

蒋瑶回家取来了妻子的首饰和几件好一点的衣服，跪在地上献给皇帝，说道："皇上此鱼乃无价之宝，臣这里只有妻女的一些首饰和衣物，臣死罪死罪。"

蒋瑶一则拿不出钱，二则拿得出钱也难以同皇上做买卖，三则更不能同皇上斗智，冒犯龙颜，以免遂了小人们的心愿。所以，蒋瑶进退无路，干脆装傻，好像同普通渔翁做生意一般，把妻女的东西拿来换。这样做，充其量出一回洋相罢了。

认真做好藏拙的功夫

藏拙是一种修为，是一种对人生的理解，必须把自己调整到以一个合理的心态去踏踏实实做人。

面对物欲横流的世界，做人难，做一个善于藏拙的人更难，难于从躁动的情绪和欲望中稳定心态，当然这其中包含了很多值得人们好好品味的内容。

首先，在行为上要藏拙，“才大不可气粗，居高不可自傲”。做人不能太精明，例如：《红楼梦》中的王熙凤“机关算尽太聪明”，乐极生悲。

其次，在心态上要藏拙，不要锋芒毕露，不要恃才傲物，要知道谦逊是终身受益的美德。

第三，在姿态上要藏拙，“大智若愚，实乃养晦之术”，毛羽不丰时，要懂得让步；时机未成熟时，要挺住。所谓“高处不胜寒”，藏拙也未尝不是件好事。

第四，在言辞上要藏拙，说话时莫逞一时口舌之快，不可伤害他人自尊，不要揭人伤疤，得意而不忘形，要知道祸从口出，没必要自惹麻烦。

藏拙，不是指低声下气，奴颜婢膝，而是指要始终把自己当成普通一分子，使自身融入大众中去，融入社会中去，不追名逐利，不自命不凡，为人处事不张扬。

没有人不期望自己有更多的朋友，没有人不期望自己得到更多尊重，没有人不期望自己成就更多事业，没有人不期望自己有更好的生活品质。

在我们的日常生活中，形形色色、各式各样的人都有，与人相处，无论是生活中还是工作中，只要你稍微有点处理不当，就很有可能招来不少麻烦。轻者，工作不愉快；重者，影响自己的职业生涯。因此，在与人相处的艺术中，藏拙相当重要，特别是在与小人的相处中，更加重要。

学会藏拙就是不要把自己的心理能量浪费在无谓的人际斗争中，即使你认为自己的能力比别人强，即使你认为自己满腹才华，也要学会保留，学会隐藏，学会克制，这是保护自己的有效手段，也是一种能量的内敛。不招人嫌、不卷进是非、不招人嫉妒、无声无息地把自己要做的事情做好，出色地完成自己的任务，永远都是最重要的事情。我们不要抱怨自己的功绩成了别人的功德，不要抱怨自己怀才不遇，不要自视清高，不要招摇过市，那是一种肤浅的行为。我们要相信：我们还有很多不懂的，不懂的比懂得多；我们同样要相信：世界上厉害的人比不如我们的人多。

作为年轻人，有冲劲，敢闯敢拼确实不错，但是什么事情都要有度，真理再向前一步就是谬论，凡事都是过犹不及，所以，我们应该时刻保持冷静，做人要藏拙。藏拙是一种境界，一种修炼。不要想着自己什么时候都是焦点，都是明星，有时候做一个默默无闻的、韬光养晦的人更合适。

美国开国元勋之一富兰克林年轻时，去一位老前辈的家中做客，昂首挺胸走进一座低矮的小茅屋，一进门，“嘭”的一声，他的额头撞在门框上，青肿了一大块。老前辈笑着出来迎接说：“很痛吧？你知道吗？这是你今天来拜访我最大的收获。一个人要想洞明世事，练达人情，就必须时刻记住低头。”富兰克林记住了，也成功了。

藏拙，是一种品格，一种修养，一种胸襟，一种智慧，一种姿态，一种风度，更是一种谋略，是做人的最佳姿态。欲成事者必要宽容于人，进而为人们所容纳、所赞赏、所钦佩，这正是人能立世的根基。根基坚固，才有枝繁叶茂，硕果累累；倘若根基浅薄，便难免枝衰叶弱，不禁风雨。而藏拙就是在社会上加固立世根基的绝好姿态。藏拙，不仅可以保护自己、融入人群，与人们和谐相处，也可以让人暗蓄力量、悄然潜行，在不显山不露水中成就事业。

藏拙不仅是一种境界，一种风范，更是一种哲学。绝大多数成功者都或多或少受到过这一哲学思想的启示。

|第二章|

放低姿态：无往而不利的做人艺术

地低为海，人低为王。历史经验证明，高调者易招祸，低调者易致福。低调行事，可让人有效保护自身，有效赢取他人信任，可轻易化解他人忌妒，可轻易赢取人心，受到别人的欢迎，可让自己拥有好心情。大智若愚者把低调谦虚作为自己为人之良策，是做事之良方，处处避免高调自大，保持谦虚谨慎，通过放低姿态来避免他人的妒忌，做到无往而不利，无路而不顺，无事而不成。

高调自大容易招致祸端

大凡历史上的名人能人，英雄豪杰，都常常是身怀绝技，但他们也都知道，“山外有山，天外有天，能人背后有能人”的道理，所以要想赢得胜利，后发制人，都是深藏不露，大智若愚，大巧若拙，不轻易地暴露和表现自己的才能。

“出头的椽子先烂”，过于显露自己的才能和智慧，过分地招摇，首先会招致对自己的损害，尤其是容易受到有妒忌之心的小人的攻击。忍耐住这种自我显示的心情，一则能使自己谦虚向学，二则可以保护自身不受损害，有利于自己聪明才智的发挥。有很多知识分子，常常向别人显示自己的清高与孤傲。三国时候的祢衡，具有很高的才学，要是生逢其时，也许能发挥他的才干，然而他生逢乱世，又恃才傲物，结果被杀。

汉献帝建安初年，曹操考虑派一个使者到荆州劝说荆州牧刘表投降。谋士贾诩建议说：“刘表喜欢与有名的人士交往，最好能物色一位著名的人物前去，才有希望达到目的。”曹操觉得有道理，就问另一个谋士荀攸说：“你认为谁可以去？”荀攸回答：“当然以孔融去最好！”

孔融是孔子的第二十代孙，担任过北海侯国的相，以能写文章与慷慨好客闻名，是当时文学界著名的“建安七子”之一，当然是比较理想的人选。曹操点头答应，并嘱咐荀攸去给孔融打招呼。孔融听到荀攸的话，立即接口说：“我有一位好友叫祢衡，字正平，他的才学比我高十倍。这个人足以在天子身边工作，做一个使者，更不成问题。”后来孔融并没有把祢衡直接推荐给曹操，而是向汉献帝上了一个表，大大夸耀了祢衡的才能。献帝把表章交给曹操，曹操心中老大不高兴，就随便叫人去把祢衡喊了来。祢衡来后，按例行了礼，曹操却一反以往尊重人才的常态，不给祢衡安排座位。平时颇为自负的祢衡见到这个场面，不觉仰头向天，一声长叹说：“天地虽然这样宽阔，为什么跟前连一个像样的人都没有呢？”

曹操自傲地说：“我手下有几十位能人，都是当代英雄，凭什么说没有人呢？”

祢衡又笑了一声：“那就说给我听听吧！”

曹操不无得意地说：“荀攸、郭嘉、程昱见识高远，前朝的萧何、陈平都不如他们。张辽、许褚、李典、乐进勇猛无敌，过去的岑彭、马武也不是对手。吕虔和满宠替我说管文书，于禁和徐晃担任我的先锋官。夏侯惇是天下的奇才，曹子奇是世上的福将。这怎能说没有人呢？”

祢衡哈哈笑了起来：“阁下全讲错了，这些人我都认识，荀攸只是个看坟墓的料子；程昱仅能开开门；郭嘉倒还可以读几句辞赋；张辽在战场上只配打打鼓，敲敲锣；许褚也许能放放牛，牧牧马；乐进和李典当当传令兵勉强凑合；吕虔不过能给人家磨磨刀，铸几支剑；满宠是喝酒的能手；于禁是打砖的泥水匠；徐晃只有杀猪、扒狗的本事；夏侯惇是一个仅能保全性命的将军；曹子奇被人称为只知道要钱的太守。其余都是饭袋、酒桶而已！”

祢衡这一顿讽刺、挖苦，激怒了曹操，曹操呵斥起来：“你又有什么能耐？”

祢衡毫不客气：“我？天文地理门门都能；三教九流样样都知道；辅助天子，可以使他们成为尧、舜；个人道德，可以与孔子、颜渊相比，怎能与这些凡夫俗子相提并论呢？”

这时，张辽在旁边，听到祢衡这样狂妄，公开侮辱大家，气得抽出宝剑要砍，曹操止住他说：“我目前正缺少一个敲鼓的人，早晚朝贺和宴会，都要有人敲鼓，就让祢衡去做吧！”老奸巨猾的曹操，企图用这个办法狠狠羞辱一下祢衡，谁知祢衡一点也不拒绝，很快答应这个办法，告辞去了。张辽恨恨地问曹操：“这个家伙讲话这般放肆，为什么不让我杀他？”

曹操笑笑说：“这个人在外面有点虚名，我今天杀了他，人家就会议论我容不得人。他不是自以为很行吗，那就叫他打打鼓，丢丢他的人吧！”

第二天中午，曹操在丞相府大厅上邀请了很多客人赴宴，命令祢衡打鼓助兴。原先打鼓的人叮嘱祢衡打鼓时必须换上新衣，但祢衡却穿着旧衣服进入大厅。祢衡精于音乐，打了一通“渔阳三挝”，音节响亮，格调深沉，发出金石般的声音，座上的客人都被激动得情绪热烈，流下泪来。曹操的侍从们突然挑剔地叫道：“打鼓的为什么不换衣服？”谁知祢衡竟当众脱下身上的破旧衣服，赤裸裸地站在那里，客人们惊得一齐掩起面孔。祢衡又慢慢地脱下裤子，一直不动声色。曹操看见这个情景，呵斥起来："在朝廷的厅堂上，为什么这样不懂礼仪？"

祢衡严峻地回答说："目中没有君主，才是不懂礼仪。我不过是暴露一下父母给我的身体，以显示我的清白罢了！"

曹操抓着祢衡的话，逼问说："你说你清白，那么谁又是污浊的？"

祢衡直指曹操说："你不识人才，是眼浊；不读诗书，是口浊；不听忠言，是耳浊；不通晓古今的知识，是头脑污浊；不能容纳诸侯，是胸襟污浊；经常打着篡夺皇位的念头，是心地污浊。我是社会上知名的人，你强迫我打鼓，这不过如同当年奸臣阳虎轻视孔子，小人臧仓毁谤孟子一样。你要想成就称王称霸的事，这样侮辱人行吗？"

祢衡这样犀利地当面抨击曹操，使大家都非常吃惊。当时孔融也在座，生怕曹操一气之下会杀害祢衡，便巧妙地为祢衡开脱说："大臣像服劳役的囚徒一样，他的话不足以让英明的王公计较。"曹操听出孔融在帮祢衡讲话，事实上他也不想在这宾客满座的场合承担残害人才的恶名。只见他装作肚量极大的样子，用手指着祢衡说："我现在派你到荆州出使。如果说得刘表来归降，我就重用你担任高官。"祢衡知道刘表是不会归附曹操的，派去的人也会凶多吉少，这分明是曹操在使借刀杀人的伎俩，不肯答应。曹操立即传令侍从，要他们备下三匹马，由两人挟持祢衡去荆州，一面还通知自己手下的文武官员，都到东门外摆酒送行，真是既毒辣又狡猾！

祢衡大胆地痛斥曹操，在当时有一定的正义性。但由于他恃才傲物，往往出语伤人，也不讨刘表喜欢。刘表察觉到曹操有心把祢衡送来，好让自己杀他，既解了曹操的恨，又把杀害贤人的罪责推到自己头上，便也编了一个与曹操同样的圈套，把祢衡转派到生性残暴的江夏太守黄祖那里。果然，祢衡在宴席上讽刺黄祖，说黄祖好像是庙里的菩萨，只受香火，可惜并不灵验，最后被黄祖所杀。

虽有一定的才智，但过于自傲，会树敌过多，于己不利。这是祢衡给我们的教训。事实上，为人处世的道理也是如此。太过张扬，不懂得谦虚之礼，是为人大忌；地不畏其低，方能聚水成海，人不畏其低，方能孚众成王。谦谨低调才是做人的真学问。

低调是保护自身的有效策略

行事低调一点，态度谦卑一点，是保护自己、发展自己的有效策略。

郭解，是西汉的一位侠客，为人行侠仗义，在当时很有声望。有一次，洛阳某人因与他人结怨而心烦，多次央求地方上的有名望的人士出来调停，对方就是不给面子。后来他找到郭解门下，请他来化解这段恩怨。

郭解接受了这个请求，亲自上门拜访委托人的对手，做了大量的说服工作，好不容易使这人同意了和解。照常理，郭解此时不负人所托，完成这一化解恩怨的任务，可以走人了。可郭解还有高人一着的棋，有更技巧的处理方法。

一切讲清楚后，他对那人说："这个事，听说过去当地许多有名望的人也来调解过，但都没有调解成。这次我很幸运，你也很给我面子，我把这件事解决了。但我毕竟是个外乡人，占这份功劳恐怕不好。本地人出面不能解决的问题，由我这个外地人来解决了，未免会使本地那些有头有脸的人感到丢面子啊。"他进一步说："这件事这么办：请你再帮我一次，从表面上让人以为我没办成，等我明天离开此地，本地几位头面人物还会上门，你把面子给他们，算是他们调解成的，好不好？拜托了！"

郭解很懂得照顾别人的面子，因为他知道，那些当地的头面人物是爱面子的人。如果得罪了他们，以后还怎么在这里混？所以自己还是当个幕后英雄，成全他们的美名吧。

明朝的王守仁平定了宁王朱宸濠的叛乱以后，权奸江彬等人嫉恨他的功劳，散布流言蜚语说："王守仁以前是与朱宸濠同谋的，等到已经听说各路大军开始征伐了，才擒拿了朱宸濠以自脱。"王守仁听了这种传说，于是把朱宸濠交给了协同参战的张永，使皇帝能够亲获朱宸濠，满足自己御驾亲征、生擒逆首的虚荣心。后来张永也在皇帝面前极力称赞王守仁的赤胆忠心和谦逊让功的美德，皇帝明白了事情的真相，于是赦免了王守仁。

龚遂是汉宣帝时代一名循良能干的官吏。当时渤海一带灾害连年，百姓不堪忍受饥饿，纷纷聚众造反，当地官员镇压无效，束手无策，宣帝派年已七十余岁的龚遂去任渤海太守。

龚遂轻车简从来上任，安抚百姓，与民休息，鼓励农民垦田种桑，规定农家每户种一株榆树，一百棵茭白，五十棵葱，一畦韭菜，养两口母猪，五只鸡。对于那些心存戒备，依然持刀带剑的人，他劝道："为什么不把剑卖了去买头牛，务点正业？"经过几年治理，渤海一带社会安定，百姓安居乐业，温饱有余，龚遂名声大振。

于是，汉宣帝召他还朝，他有一个属吏王先生，请求随他一同去长安，说："我对你会有好处的！"其他属吏却不同意，说："这个人，一天到晚喝得醉醺醺的，又好说大话，还是别带他去为好！"

龚遂说："他想去就让他去吧！"到了长安后，这位王先生还是终日沉溺在醉乡之中，也不见龚遂。可有一天，当他听说皇帝要召见龚遂时，便对看门人说："去将我的主人叫到我这儿来，我有话要对他说！"一副醉汉狂徒的模样，龚遂也不计较，还真来了。王先生问："天子如果问大人如何治理渤海，大人当如何回答？"

龚遂说："我就说任用贤才，使人各尽其能，严格执法，赏罚分明。"这位王先生连连摆头道："不好，不好！这么说岂不是自夸其功吗？请大人这么回答：'这不是小臣的功劳，而是天子的神灵威武所感化！"'

龚遂接受了他的建议，按他的话回答了汉宣帝，宣帝果然十分高兴，便将龚遂留在身边，加官晋爵。

还有一个例子：唐朝元和年间，大将李愬平定了蔡州叛乱，将叛将李元济活捉，为国家立了一件大功。他的上司、招讨使裴度来淮西检查工作，李愬让军队列队整齐，十分庄严地出城迎接，他还跪拜于道路边。裴度正想谦恭避让，李愬阻止说："蔡州人野蛮强横，不知道尊卑之节、上下之礼已经有几十年了。请裴公借此机会让他们看一看，让他们了解朝廷的尊严。"裴度这才接受了李愬的大礼。

李怒立了大功以后，态度谦虚，心里装着领导，这样的人怎能不被人喜欢，怎能不被赏识？

谦而不争可赢得他人器重

谋而有功是聪明，不居功自傲则是大智慧。

丙吉是西汉鲁国人，他自幼学习律令，曾任鲁国狱吏，因有功绩，被提拔到朝中任廷尉右监，后来调到长安任狱吏。宣帝即位后任御史大夫、丞相等职。

汉武帝末年，发生了“巫蛊之祸”，祸及卫太子。汉武帝在盛怒之下命令追查卫太子全家及其党羽。卫太子被迫自杀，全家被抄斩，长安城有几万人受到株连。当时，后来成了汉宣帝的病已刚生下来几个月，也因卫太子的事被牵连入狱。丙吉奉诏令检查监狱时，发现了这个小皇曾孙。丙吉知道卫太子被害并无事实根据，因此，对于皇曾孙的遭遇很是同情。丙吉就暗中让两个比较宽厚谨慎，又有奶的女犯人轮流喂养这个婴儿，每天亲自去检查喂养情况，不准任何人虐待这个孩子。若是没有丙吉的关怀爱护，可怜的皇曾孙或许早就死在狱中了。

后元二年，汉武帝生病，有一个会看天象的人说：“我们看到长安监狱的上空有天子贵人之气。”汉武帝便下令将监狱里的囚犯统统杀掉，并派郭穰连夜来到监狱。丙吉得知后立即关闭监狱门，不准郭穰进去，还说：“监狱里面是有一个无辜而又可怜的皇曾孙，无缘无故地杀死普通的人都不应该，何况这个孩子是皇帝的亲曾孙啊！”说完，丙吉就坐在监狱门口，双方一直僵持到天明。郭穰进不了监狱，便回去向汉武帝告丙吉的状。汉武帝听了禀报后，有所醒悟并说：“这大概也是天命吧！”于是下令把监狱里关的死囚一律免去死罪，皇曾孙得以保全下来。

丙吉知道把皇曾孙长期放在长安监狱中总不是办法，他听说有个叫史良娣的人忠厚可靠，就驾车把皇曾孙送到她家抚养。汉昭帝继位后不久就死了。由于昭帝无子，造成了无继承王位之人的局面。大将军霍光与车骑将军张安世便商议如何立新帝。丙吉此时任大将军府长史、光禄大夫、给事中等职务。他对霍光说：“如今国家百姓的性命就掌握在将军手中了。皇曾孙病已寄养在民间，现年已十八九岁了。他通晓经学儒术及治国之道，平日行为谨慎，举止谦和，是理想的继承人。希望将军明大义，参考占卜的结果，先让他入宫侍奉太后，待天下人明白真相后，再决定大策，辅立即位，这是天下人的大幸啊！”霍光采纳了丙吉的奏议，辅佐皇曾孙登基，这就是汉宣帝。汉宣帝即位后，封丙吉为关内侯。

丙吉为人深沉忠厚，处世低调谨慎，从不炫耀自己的长处和功劳。丙吉对病已在危难之中有养育呵护的大恩大德，但却绝口不谈自己的护驾之功，因此，汉宣帝根本就不知道丙吉对自己有如此大的恩德，朝中也没有人知道他的大恩大德，丙吉依然毫无怨言地为国事尽心尽力。等到霍氏被诛灭，宣帝亲政，并亲自过问尚书省的事情。但是，出乎意外的是，一位名叫则的宫婢说她曾经有保护养育皇帝的功劳。汉宣帝诏令官员查问此事，宫婢就说：“此事的详情丙吉都知道。”丙吉还认识这个宫婢，她根本就不是喂养过皇帝的乳母。丙吉指着宫婢说：“是曾经让你照顾这皇曾孙，但是你不尽心喂养，你还有什么功劳好讲的。只有渭城的胡组，淮阳的郭征卿才是对皇帝有恩的人。”这样汉宣帝才恍然大悟，知道丙吉是自己在大难之际的救命恩人。汉宣帝立即召见丙吉，称赞他有如此大的功德，平日却只字不提，真是难得的贤臣。于是下令封丙吉为博阳侯，升任丞相。

临到受封时，丙吉正好病重，不能起床。皇帝就让人把封印组佩带在丙吉身上，表示封爵。但是，丙吉依然是那样的谦恭礼让，一再辞谢。当他病好后，正式上书辞谢对他的赏赐，谦虚地说：“我不能无功受禄，虚名受赏。”汉宣帝感动地说：“我对你进行封赏，是因为你对朝廷确实立有大功，而不是虚名。可是你却上书辞谢，我要是同意了你的辞谢，就显得我是一个知恩不报的人了。现在天下太平，没有太多的事，你尽管安心养病，少操劳，只要你把身体保养好了，其他一切事你就放心好了。”就这样丙吉才不得不接受封赏，从此，为朝廷更加尽忠尽职。

常言道：“救人一命，胜造七级浮屠。”在腥风血雨中，丙吉冒着生命危险，不但救了皇曾孙的命，将他抚养长大，而且辅佐他登上皇帝的宝座，此恩可谓深似海，此德可谓比天高。但是丙吉却绝口不提。这既说明了他有高尚的品德，也表现出了他深沉的处世智谋。

因为，从处世的智谋说，大德不言谢，低调而为之，是一种避祸自保的韬晦之计。侯门似海，君心难测，皇帝对臣下的要求，历来是只准你出力，不准你邀功。丙吉对此是不会不知道的。

此外，在现实生活中，谦而不争，低调行事，既可以赢得他人的敬佩，又可以因你的稳妥而受到领导的信任和器重。

用低调来化解他人嫉妒

当你事业有成或取得令人艳羡的职位和荣誉时，千万不要忘乎所以飘飘然。你的一言一行都要为对方的感受着想，学会安抚对方的心灵。否则就会招致他人的嫉妒，带来一睦不好的后果。

李小姐被调到市人事局，可在人事局工作了几个月，同事中连一个朋友也没有，她自己也搞不清是什么原因。

原来，她认为自己正春风得意，对自己的机遇和才能满意得不得了，每天都向同事们炫耀她在工作中的成绩，炫耀每天有多少人找她帮忙。但同事们听了之后不仅没有人分享她的“得意”，而且还非常不高兴。

后来，还是她当了多年领导的老父亲一语点破，她才意识到自己的症结。从此她很少在同事朋友面前炫耀自己的得意之事。因为他们也有很多事情要吹嘘，把自己的成就说出来，这比听别人吹嘘更令他们兴奋。后来，每当她与同事闲聊的时候，她总是让对方滔滔不绝地把他们的得意炫耀出来，与其分享，久而久之，她的同事们都成了她的好朋友。

嫉妒是基本人性之一，只不过有的人会把嫉妒表现出来，有的人则把嫉妒深埋在心底。

嫉妒是无所不在的，朋友之间、同事之间、兄弟之间、夫妻之间、亲子之间，都有嫉妒的存在。而这些嫉妒一旦处理失当，就会形成足以毁灭一个人的烈火，在这里我们简单谈一下朋友、同事之间的嫉妒。

朋友、同事之间嫉妒的产生都是因为以下的情况：

“他的条件又不见得比我好，可是却爬到我上面去了!”“他和我是同班同学，在校成绩又不比我好，可是竟然比我发达，比我有钱!”……换句话说，如果你升官了、受到上司的肯定或奖赏、获得某种荣誉时，那么你就有可能被同事中的某一位（或多位）嫉妒。女人的嫉妒会表现在行为上，说些“哼，有什么了不起”或是“还不是靠拍马屁爬上去”之类的话；但男人的嫉妒通常摆在心里，有的摆在心里也就算了，有的则开始跟你作对，表现出不合作的态度。

因此，当你一朝得意时，你应该注意几件事：

同单位之中有没有比我资历深、条件比我好的人落在我后面的？因为这些人最有可能对你产生嫉妒。

观察同事们对你的“得意”在情绪上产生的变化，以便得知谁有可能嫉妒。一般来说，心里有了嫉妒的人，在言行上都会有些异常，不可能掩饰得毫无痕迹，只要稍微用心，这种“异常”很容易发现。

而在注意这两件事的同时，你也要做这些事情：

不要凸显你的得意，以免刺激他人，升高他的嫉妒，或是激起本来不嫉妒的人的嫉妒。你若为你的得意而洋洋自得，那么你的欢欣必然换来苦果！

把姿态放低，对人更有礼，更客气，千万不可有倨傲的态度。这样就可降低别人对你的嫉妒，因为你的低姿态使某些人在自尊方面获得了满足。

在适当的时候适当地显露你无伤大雅的短处。例如不善于唱歌、外文很烂等等，好让嫉妒的人心中有“毕竟他也不是十全十美”的幸灾乐祸的满足。

和心有嫉妒的人沟通，诚恳地请求他的配合。当然，也要提示、赞扬对方有而你没有的长处，这样或多或少可消减他的嫉妒。

遭人嫉妒绝对不是好事，因此必须以低姿态来化解。而话说回来，嫉妒别人也不是好事，如果你有了嫉妒之心，又无法加以消除，那么千万不要让它转变成破坏的力量。因为这种力量会伤人也会伤己，而且嫉妒也会阻碍你的进步。因此，与其嫉妒，不如想办法追上对方，甚至超越对方！

永远保持谦卑的姿态

行为与内心的平衡是一个人成功的前提条件。只有谦虚谨慎的人才能保持行为与心灵的平衡。而那些失去了平衡的人，对社会所要求的不是太多，就是太少，因而招致灾祸，给自己的人生带来不可挽回的失败。

也许早在中国文明肇始之初，中国人就把谦虚谨慎视为人类的最为可贵与美好的道德之一，尽管谦谨退让可能会让人觉得某种程度上的吃亏，但是从长远的角度来说，这种所谓的吃亏亦不过是自己谦卑美德的一种表现而已。

所谓的谦卑，即虚心而不自满，不自满，便能经常保持一种似乎不足的状态，因而能获得更大与更多地益处。“满招损，谦受益”，自满将招来祸患，而谦卑则能得到好处。

谦卑是一种低姿态，不仅对一般的人有用，对处于高位的人更为有用。《易经·谦卦》中说：“谦尊而光”，即尊者有谦卑的美德，更能使人光明盛大。在此卦中还有一句话是：“谦谦君子，卑以自牧也”。有作为的人，常用谦卑来培养自己的道德品格与指导人生的方向。

祸患在人谦卑时往往会消失，这是《易经》中所说的。考虑得周到，谨慎小心就没错。

唐朝郭子仪爵封汾阳王，王府建在首都长安的亲仁里。汾阳王府自落成后，每天都是府门大开，任凭人们自由进进出出，而郭子仪不允许其府中的人对此加以干涉。有一天，郭子仪帐下的一名将官要调到外地任职，来王府辞行。他知道郭子仪府中百无禁忌，就一直走进了内宅。恰巧，他看见郭子仪的夫人和他的爱女正在梳妆打扮，而王爷郭子仪正在一旁侍奉她们，她们一会儿要王爷递毛巾，一会儿要他去端水，使唤王爷就好像奴仆一样。这位将官当时不敢讥笑郭子仪，回家后，他禁不住讲给他的家人听。于是一传十，十传百，没几天，整个京城的人都把这件事当成笑话来谈论。郭子仪听了倒没有什么，他的几个儿子听了却觉得大丢王爷的面子，他们决定对父亲提出建议。

他们相约一齐来找父亲，要他下令，像别的王府一样，关起大门，不让闲杂人等出入。郭子仪听了哈哈一笑，几个儿子哭着跪下来求他，一个儿子说："父王您功业显赫，普天下的人都尊敬您，可是您自己却不尊重自己，不管什么人，您都让他们随意进入内宅。孩儿们认为，即使商朝的贤相伊尹、汉朝的大将霍光也无法做到您这样。"

郭子仪听了这些话，收敛了笑容，对他的儿子们语重心长地说："我敞开府门，任人进出，不是为了追求浮名虚誉，而是为了自保，为了保全我们全家人的性命。"

儿子们感到十分惊讶，忙问其中的道理。

郭子仪叹了一口气，说道："你们光看到郭家显赫的声势，而没有看到这声势有被丧失的危险。我爵封汾阳王，往前走，再没有更大的富贵可求了。月盈而蚀，盛极而衰，这是必然的道理。所以，人们常说要急流勇退。可是眼下朝廷尚要用我，怎肯让我归隐；再说，即使归隐，也找不到一块能够容纳我郭府一千余口人的隐居地呀。可以说，我现在是进不得也退不得。在这种情况下，如果我们紧闭大门，不与外面来往，只要有一个人与我郭家结下仇怨，诬陷我们对朝廷怀有二心，就必然会有专门落井下石、陷害贤能的小人从中添油加醋，制造冤案。那时，我们郭家的九族老小都要死无葬身之地了。"

由此可见，正因为郭子仪具有很高的政治眼光和德行修养，才能善于忍受各种复杂的政治环境，必要时牺牲掉局部利益，用谦谨的作风，确保全家安乐。人们若能像郭子仪那样时刻保持谦卑谨慎的状态，祸患自然不会产生。所以，未雨绸缪，防患于未然是很有必要的。

过于坚硬的，容易折断，过于洁白的，则容易被污染。骄兵必败，骄将必失，同样一个人在自己的事业达到顶峰时，更需要牢记忌盈之理，以警惕自己的失败。

凡想做一些大事情的人，无论在什么时候，都不要忘记了以下四条忠告，而争取改掉这四种缺点：其一，盛气凌人；其二，妄自尊大；其三，趾高气扬；其四，好大喜功。

这四点不过是人类的劣根性中的几种表现而已，它们都越出了谦卑，而走向人类之美德的反面。如果人们犯了其中任何一条，都会带来或大或小的损失。

当一个人走在傲慢与谦卑之间的那条窄窄的小道上时，宁取谦卑，而勿取傲慢。

富而不奢可免遭记恨

富可敌国让人羡慕，富而不奢却可以让人敬佩。

众所熟知，全世界第一个拥有十亿美元以上的富翁是洛克菲勒，不用说，他的家庭生活远远高于普通家庭，甚至超过了一般的王室家族。虽然如此之富有，但洛克菲勒自始至终对儿女的零用钱都管得很紧。

他规定，儿女的零用钱因年龄不同而有所差异：七八岁时每周三十美分；十一二岁时每周一美元；十二岁以上时二美元。并给每人发一个小账本，让他们详细地记录每笔支出的用途，在发放零用钱时他要审查。钱和账都清楚，且用途正当的，下周递增五美分，如果账目不清楚且用途不当就会在原来的基础上递减。儿女们还可做家务活来赚得报酬，补贴自己的零用。就像逮一百只苍蝇十美分，逮一只耗子五美分，背柴、剁柴、拔草等等都有报酬。儿女们都抢着干。当副总统的二儿子纳尔逊和兴办新兴工业的三儿子劳伦斯曾主动要求合伙承包替全家人擦鞋的零活儿：皮鞋五美分每双，长筒靴十美分每双。

在第一次世界大战时期，全家人都各自吃配给的份额，在烤蛋糕时要儿女们交出等量的食糖。在此期间男孩子们合办"胜利"菜园，种瓜菜卖给家里和附近的食品杂货店。纳尔逊和劳伦斯还一起养兔子卖给医学研究所。

在外出上大学时，儿女们的零用钱和一般同学的也大致相同，要是有额外花销就必须申请，四儿子温斯格普喜欢吃喝玩乐、交女朋友，有次欠账还不出，只能向大姐巴搏借钱救急。

在读大学时，小儿子"胖娃娃"戴维（大通国民银行总裁）同样恪遵家教。有次从学校放假返回纽约，他记账时被同行的一个同学看到：饮料、菜各花费多少，真是难以理解。

洛克菲勒视唯一的女儿为掌上明珠，但他仍毫不放松地培养她在生活上要俭朴的作风。他自己出于对宗教的信仰从不抽烟，也不允许儿女们抽烟，规定如果儿女们在20岁以前不抽烟可得奖金二千五百美元。在他发现巴博抽烟后，极力劝她戒掉，要不然就不给她奖金式津贴。

这样做的原因是因为洛克菲勒知道富人进天堂比骆驼穿过针孔还难，“现在的许多孩子都有这种倾向，走最容易的路，走阻力最小的路”，在这方面他要儿女们得到磨炼。

百年来，洛克菲勒家族繁衍至今，世世平安，代代兴盛，几乎没有什么人对他们心存记恨，口出恶言，这是因为他们拥有世代俭朴、为人低调的家风。

由于受历史习惯的影响，人们常将一些伟人、名人和有深远影响的人称为圣贤之人。这是相对于凡人、常人来说的，是因为圣贤之人有高于凡人、常人之上的品性、功德及才智。但在实践中我们不难发现，古今圣贤之人不仅有上述特征，最主要的是他们还具有隐炫之智。

农家出身的曾国藩，念念不忘勤俭之家风，虽身居高官，但从不奢侈。他曾经说道：无论大家小家，士农工商，勤苦俭约，未有不兴；骄奢倦怠，未有不败。并深知“凡仕宦之家，由俭入奢易，由奢返俭难”其中的道理。所以，在他为官的几十年中，“不敢稍染官宦习气，饮食起居，尚守寒素家风”。他自己对衣食住行的态度是“极俭也可，略丰也可，太丰则吾不敢也”。在吃的方面很清苦，穿戴方面也从不讲究。当时一些人的一件衣服就价值千金，而他作为这样的高官，“所有的衣服还不值三百金”。在衣服多时，便让家人把存放在家中已经多年不穿的旧衣服送到军营。他很爱喝茶，但却很节省，便经常请人带钱回家，让家人帮他在家乡买既便宜又好的茶叶捎到军营中。

曾国藩以身作则地影响着他的家人，并“时举先世耕读之训，教诫其家”。在他率军驻扎安庆之时，其夫人也在蜀中。要求夫人每日纺绵纱“以四两为率，二鼓后即止”。夫人十分自觉，经常纺纱至深夜。

一次，夫人纺纱，没有觉察到已是三更，长子曾纪泽已经躺下。害怕纺车声影响儿子休息，夫人就对儿子说：“今为尔说一笑话，以醒睡魔可乎？有率其子妇纺至深夜者，子怒詈，谓纺车声聒耳不得眠，欲击碎之。父在房应声曰：吾儿可将尔母纺车一并击之为妙。”曾纪泽听后，不但毫无怨母之意，反而更加敬重母亲。翌日早饭时，突然，曾国藩故作生气地问，为什么说让孩子击纺车？遂之，哄堂大笑，坐中无不喷饭。

为保持这种勤俭的家风，曾国藩对子女的要求是十分严格的。曾国藩可谓是苦口婆心地教育子女要勤俭治家。为此他曾多次强调：吾家子侄，人人须以“勤俭”二字自勉。还反反复复讲述这其中的道理：一家能勤能敬，虽乱世亦有兴旺气象；一身能勤能敬，虽愚人亦多有贤智风味。勤俭自恃，习劳习苦，可以处乐，可以处约，此君子也。他以祖辈们这种勤俭治家的事迹来勉励子女们一定要保持俭朴之风，强调：家中境地虽渐宽裕，但切不可忘却先世之艰难，有福不可享尽，有势不可使尽；勤字工夫，第一贵早起，第二贵有恒；俭字工夫，第一莫着华丽衣服，第二莫多用仆婢雇工。居家之道，唯崇俭可以长久，处乱世尤以戒奢侈为要义。

他这样言传身教地给子女们讲勤俭治家的道理，同时更注重在行动上培养出他们良好的习惯。在儿子入学读书时，不允许多带银两；在过年过节之际，不允许奢华铺张；在儿女们大婚之时，规定每人购妆奁不得超过二百银，也不可多请宾客。由于他长年统兵在外，不在儿女们身边，但是他经常写信给他的弟弟，请他帮助管教子女。

在信中他给弟弟曾国荃这样写道：“闻林文忠（指林则徐）三子分家，各得钱六千串，督抚20年家产如此，真不可及，吾辈当以为法。”闻儿子纪泽订婚，他马上写信回家，告诉家人诸事都要节省，新婚当日，不必过多请客。并强调：新儿媳始至吾家，教以勤俭，纺绩以事缝纫，下厨以议酒食。儿媳入门后，又提醒儿子：虽衣食丰适，宽然无虑，但也不能忘记勤俭。新妇初来，宜教之入厨做羹，勤于纺绩，不宜因其为富贵子女而不事操作。在纪泽主家后，曾国藩又告诫他：银钱、田产最易长骄气、逸气，家中断不可积钱，断不可买田。尔兄弟努力读书，决不怕没饭吃。在纪泽主持其妹出嫁时，曾国藩吩咐纪泽：余向定妆奁之资二百金，衣服不宜多制，尤不宜大镶大缘，过于绚烂。曾国藩在子女们成长过程中，丝毫没有松懈地教育他们要勤俭治家。

在居家长久之计方面，曾国藩曾强调：盛时常做衰时想，上场当念下场时，富贵人家，一定要牢记此二语。在他写给弟弟的家书中还指出：家道的长久，并非凭借一时的官爵，而是依靠长远的家规；也非依靠一两个人的突然发迹，而是凭借众人的全力支持。如果我有福，将来罢官回家，定与弟弟竭力维持。老亲旧眷，贫贱族党，不可怠慢。一视同仁地对待贫穷之人和富贵之人。兴盛时，预做衰时之想。这样，我们的家庭自然会有坚固的基础。

历来，人们都敬佩曾国藩是为人处世善于为官的高手，从他严格要求家人勤俭生活方面便可窥见一斑。

不要告诉别人你更聪明

英国19世纪政治家查士德·裴尔爵士曾对他的儿子做过这样的教导："要比别人聪明，但不要告诉人家你比他更聪明。"

"不要告诉人家你比他更聪明"，也就是中国人常说的"守拙"，是一种掩饰自己、保护自己、积蓄力量、等候时机的人生韬略，经常在敌对斗争中使用。如邓小平在抗日战争中就做了这样的指示："要使敌人看不起我们，要善于采取一切手段麻痹敌人。"在今天这个竞争激烈的时代，这种策略仍经常被低调者所使用。

"不要告诉人家你比他更聪明"，这种韬略还可用来维持与改善同他人的关系，特别是当你发现了他人的错误而又不能不指出时，使用这一策略尤其重要。因为无论你采取什么方式直接指出别人的错误：一个蔑视的眼神，一种不满的腔调，一个不耐烦的手势，都有可能带来难堪的后果。因为这等于说："我会使你改变看法，我比你更聪明。"这等于否定了他的智慧和判断力，打击了他的荣耀和自尊心，同时还伤害了他的感情。他非但不会改变自己的看法，还要进行反击，这时，你即使搬出所有的权威理论和所有的铁定事实也无济于事。为什么要给自己增加困难呢？

因此，在指出别人错了的时候，也应该做得低调一些，"不要告诉人家你比他更聪明"。例如，你可以用若无其事的方式或者也许是你自己错了的方式提醒别人，提醒他不知道的好像是提醒他忘记了的，或者提醒他错了好像是他没说清楚的。这将会收到神奇的效果，无论什么场合，试问，谁会反对你说"我也许不对"呢？著名科学家玻尔就是这样一位极其尊重他人但又非常坚持真理的人。当他对别人的观点提出不同意见时，他常常预先声明："这不是为了批评，而是为了学习。"这句话后来成为一句名言被人印在一期物理杂志的封面上，作为献给玻尔的生日礼物。

一次，有人发表学术演讲，效果非常糟糕，玻尔也认为这个演讲“完全是瞎扯”，但他仍然热情地对演讲者说：“我们同意你的观点的程度，也许比你所想象的还要大！”

玻尔同爱因斯坦展开过一场为期近 30 年的学术大争论，两人的观点完全相对立，但爱因斯坦认为，在反对他的观点的阵营中，玻尔是最接近于公正地处理他所代表的学术观点的人。玻尔这种低调的态度及他在为人方面的其他杰出表现，不但有助于他取得巨大的学术与教育成就，而且使他深受人们爱戴，使他的为人往往比他的科学教育成就更为人们所仰慕和歌颂。有人把他称为“从天而降的佛祖”，有人颂扬他“与太阳神阿波罗的形象同辉”！

可见，低调一点，尤其是取得一定成就之后，你将会更平易近人、更受人尊敬。

放下“身架”才能提高“身价”

“身架”并不等于“身价”，有时候放下“身架”反而能获得更大的“身价”。

对于每一个刚走入社会的年轻人来说，要成就一番事业，并不一定一开始就得从事“高人一等”的职业。纵观那些有所成就的人的经历，更多的人都是经历了别人眼中所谓“低人一等”的工作，积累了经验、增长了阅历，才取得最后的成功的。甚至有人就在那些所谓“低人一等”的职业上干出了成绩。

有一位大学生，在校时成绩很好，大家对他的期望也很高，认为他必将有一番了不起的成就。

他是有成就，但不是在政府机关或在大公司里有成就，而是卖蚵仔面线卖出了成就。

原来他是在毕业后不久，得知家乡附近的夜市有一个摊子要转让，那时他还没找到工作，就向家人“借钱”，把它买了下来。因为他对烹饪很有兴趣，便自己当老板，卖起蚵仔面线来。他的大学生身份曾招来很多不以为然的眼光，但却也为他招来不少生意。他自己倒从未对自己学非所用及高学低用产生过怀疑。

现在呢，他还在卖蚵仔面线，但也搞投资，钱赚得比一般人不知多多少倍。

“要放下身架。”这是那位大学生的口头禅和座右铭：“放下身架，路会越走越宽。”那位同学如果不去卖蚵仔面线或许也会很有成就，但无论如何，他能放下大学生的身架，还是很令人佩服的。这里并不是说放下身架就非得去做类似的事情不可，但在必要的时候，实在也应有这样的勇气。

人的“身架”是一种“自我认同”，并不是什么不好的事。但这种“自我认同”也是一种“自我限制”，也就是说：“因为我是这种人，所以我不能去做那种事”。而自我认同越强的人，自我限制也越厉害，千金小姐不愿意和普通女同桌吃饭，博士不愿意当基层业务员，高级主管不愿意主动去找下级职员，知识分子不愿意去做“不用知识”的工作……他们认为，如果那样做，就有损他的身份。

其实这种“身架”只会人路越走越窄，并不是说有“身架”的人就不能有得意的人生，但是，在非常时刻，如果还放不下身架，那么就会让自己无路可走。

你如果想在社会上走出一条路来，那么就要放下身架，也就是放下你的学历、放下你的家庭背景、放下你的身份，让自己回归到“普通人中”。同时，也不要在乎别人的眼光和批评，做你认为值得做的事，走你认为值得走的路。

能放下身架的人，他的思考富有高度的弹性，不会有刻板的观念，而能吸收各种资讯，形成一个庞大而多样的资讯库，这将是他的本钱。

能放下身架的人能比别人早一步抓到好机会，也能比别人抓到更多的机会，因为他没有身架的顾虑。

所以，即便你的水平再高，即便你的能力再强，即便你的头衔再多，即便你的人际再广，只有放下你的“身架”才可能真正提高你的“身价”。

聪明人不去自招妒忌

虽然出类拔萃的人难免有人嫉妒，但是能不招人妒忌还是不要自招妒忌的好。

自古以来“同行相妒”，而妒忌的力量是很可怕的，人行走商场，最怕非议，最怕树敌，因此还是谨小慎微比较可靠。胡雪岩对这一点深有感触，他说：“不招人妒是庸才，可以不招妒而自己做得招妒，那就太傻了。”无论在他的中兴时期还是末路时期，他都非常注意自身的举动，行事低调，避免锋芒太露，因别人的嫉妒而招敌。

胡雪岩的不自招妒忌，是为了不在同行中处于孤立的地位，是一种深远的眼光。在创业之初，他的这种眼光就表现出来了。

胡雪岩因资助王有龄而被钱庄扫地出门，王有龄当官后，自然要感恩图报，给胡雪岩创业的机会。

不为赚钱而结怨，不抢别人的好处，这是调适人际关系要优先考虑的问题。同时，为了不在同行中处于孤立地位，还有一条重要原则，即不自招妒忌。

胡雪岩要筹办自己的钱庄，实际上还身无分文。不过他已经筹划好了资金的来源，即以王有龄为官场靠山，凭他们的交情承办代理打点道库、县库的过往银两。代理道库、县库，可以用公库的银子来做钱庄的流动资本，而且公家银子不需付利息，这等于是白借本钱。

当然，这样做有一项条件，那就是王有龄必须得一个署理州、县的实缺。当时王有龄仕途刚刚起步，还只是浙江海运局“坐办”，一来他还不具备真正给胡雪岩提供代理公款的条件，二来他自己也确实需要胡雪岩的全力相助，因此，他不同意胡雪岩立即着手开办钱庄。依王有龄的想法，等他在官场真正立足之后再着手胡雪岩的钱庄也不迟，反正他们的交情本来就不必瞒人。按当时官场通例，他把官库银子给胡雪岩钱庄“代理”，也是极普通的事情，不怕别人说什么。不过，胡雪岩不这样看。胡雪岩认为正因为已经有了代理道库、县库的筹划，所以更应该先立起一个门户来。王有龄此时刚刚得意，外面还不大有人知道，因而也正是一个机会。这时把钱庄办起来，即使内里只是一个空架子，外面也要弄得热热闹闹的，这样一旦王有龄放了州县，由自己的钱庄代理公库，公款源源而来，空的自然变成实的。倘若一定要等到王有龄放了州县得了实缺再来搭架子，那时浙江官、商两界都知道有个王有龄，也都知道王、胡之间的交情，虽然自己的钱庄能够得到代理官库的好处是一样的，或许钱庄生意的运作还会方便些，但外人的看法和说法却会大不相同，人们会说胡雪岩办钱庄是借了王有龄的官场靠山，也会说王有龄是动用公款交胡雪岩办钱庄，营商自肥，如果有人开个“玩笑”，告上一状，那也就真的要“吃不了，兜着走”了。

胡雪岩的意思很明白，就是做事要不落痕迹，不自招妒忌。商场上确实应该注意尽量不要招嫉。被人嫉妒，会在自己与同行之间造成一种无形的隔阂，生意上携手合作的可能性就会大打折扣。特别是自我招摇，凡事把调门都拔得特别高，这样纯粹是自招妒忌，不但会容易使自己在同行同业中处于孤立地位，甚至还有可能使同行联起手来与你作对，果真如此的话，你也就会感到处处掣肘，四面支绌，要想获得成功，也就难上加难了。

从这一角度看，自招妒忌其实也就是在为自己树敌。而且，应该知道，由自招妒忌而树敌，这“敌”比通常意义上的“敌”还可怕，因为他常常隐在暗处，难以对付，表面上嫉妒你的人和你一团和气，暗地里却因为嫉妒你而给你下“绊子”，让你知道有对手却不知道对手在哪里，等你找到对手之后，也许你精心筹划开创的事业已经付之东流了。

所以，一个精明的商人，虽然知道遭人妒忌常常是免不了的，但决不自招妒忌。而他们不自招妒忌的方法，也不外乎与胡雪岩一样，第一，不在同行中锋芒太露。第二，不能总想着自己好事占全。第三，时刻注意得饶人处且饶人以化解可能产生的敌意。总之一句话，做事得不落痕迹。

做人做事放低一点调门

做人做事要放低一点调门，不但是对自己的一种自我保护，也是让他人敬佩的一种内在气质。

欧洲有一著名格言说："愈是喜欢受人夸奖的人，愈是没有本领的人。"反之，我们也可以说："愈是有本领的人，愈是不需要别人的夸奖。"一个有本事的人，没必要张扬着让别人知道，时间会证明一切。

中国人常说，有本事要让别人去说。一个真正成功的人是不喜欢自吹自擂的，因为别人的眼睛要比你的眼睛亮得多。就像1999年举行的那场世纪拳王大赛一样，虽然这场比赛被判为平局，但明眼人一看就知道是刘易斯获胜的，真正的拳王当是刘易斯，霍利菲尔德再怎样吹嘘也是没用的。

美国南北战争时，北军格兰特将军和南军李将军率部交锋，经过一番空前激烈的血战后，南军一败涂地，溃不成军，李将军还被送到爱浦麦特城去受审，签订降约。

格兰特将军立了大功后，是否就骄奢放肆、目中无人起来了呢？没有！他是一个胸襟开阔、头脑清晰的大人物，他绝不会做出这种丧失理智的行为来！

他很谦恭地说："李将军是一位值得我们敬佩的人物。他虽然战败被擒，但态度仍旧镇定异常。像我这种矮个子，和他那六尺高的身材比较起来，真有些相形见绌，他仍是穿着全新的、完整的军服，腰间佩着政府奖赐他的名贵宝剑，而我却只穿了一套普通士兵穿的服装，只是衣服上比士兵多了一条代表中将官衔的条纹罢了。"

这一番谦虚的话在人们听来，远比数次的自吹自擂好得多。唯有对自己的成就发生疑问的人，才爱在人家面前吹牛，以掩饰那些令人怀疑的地方。一个真正成功的人，是不必自我吹嘘自我炫耀的，因为你的成绩，你的成功，别人会比你看得更清楚，而且会记在心上。

也许你以为格兰特将军的自谦，固然值得赞美，而李将军以败将的身份，居然也昂首挺胸、衣冠整齐，似乎有些示之骄傲吧？其实不然，李将军虽然战败，但仍能坦然忍受耻辱，这正是他勇敢坚毅的地方。他这样做，是表示他把失败当做一种经验，而非一种耻辱，如果能再给他一次机会的话，他仍能挺身奋战、争取光荣。所以他也可以说是不失为一位伟大军人的风度。他之所以与格兰特持相反的态度，并非不肯谦虚，实在是由于两人所处的环境不同。

格兰特将军不但赞美了李将军的态度，而且也没有轻视他的战绩。他认为自己的成功和李将军的失败，是综合因素所造成的。他说："这次胜负是由极凑巧的环境决定的，当时敌方军队在弗吉尼亚，几乎天天遇到阴雨天气，害得他们不得不陷在泥淖中作战。相反的，我们军队所到之处，几乎每天都是好天气，行军异常方便，而且有许多地方往往是在我军离开一两天后便下起雨来，这不是幸运是什么呢！"

格兰特将军把一场决定最后命运的大胜利，归功于天气和命运，这正表示他有充分的自知之明，始终没有被名利的欲念所埋没。曾经有人说："愈是不喜欢接受别人赞誉的人，愈是表示他知道自己的成功是微不足道的。"

假使你常常为芝麻大的小事而得意忘形，接受别人的称赞，自己拍自己的肩膀，把它当作一桩了不得的事情，那你无异是在欺骗自己，就像那些被魔术欺骗了的观众一样。从此你将走上失败之路，因为你早已没有自知之明，盲人骑着瞎马乱闯，怎么会有成功的希望呢？

实际上，只要我们仔细思考，就知道我们90%的成功，其实有不少机遇的成分夹杂在里边，我们应该看清这些机遇所在。即使是有点本事的人，也没有什么值得夸耀的，只不过是他比别人更幸运一点而已。所以，无论做什么事，调门还是放低一些为好。

|第三章|

难得糊涂：超越精明的处世艺术

人生之事，大是大非之事很少，大部分是琐碎小事，是非对错之分很微妙，这时巧装一下糊涂，不但可以让自己超脱出来，更能让自己获得更长远的利益。大智若愚深明舍小求大之道理，在为人处世之中巧妙地装一下糊涂，随方就圆，不认死理，有些时候不过于计较，有些时候视而不见，还有些时候不置可否，这样他们就能自然而然能妥善处理好世间的各种关系，左右逢源，进退有据，获得人际关系的和谐，赢得他人的认同。

生存本领

难得糊涂是处世之良药

不为小事生气，不患得患失，正是难得糊涂的真谛。

清朝画家郑板桥有一方闲章，曰“难得糊涂”，这四个字一经刻出，便立刻成了很多人津津乐道的座右铭。仿佛有许多人生的玄机一下子从这四个字里折射出了哲学的辉光。

在我们身边，无论同事、邻里之间，甚至萍水相逢，不免会产生些摩擦，引起些烦恼，如若斤斤计较，患得患失，往往越想越气，这样很不利于身心健康。如做到遇事糊涂些，自然烦恼会少得多。

人生在世，智总觉短、计总觉穷，纷纷扰扰、热热闹闹在眼前，又有几人能看清？常言道：不如意事总八九，可与人言无二三。天地间，立人处事，总有许多盘盘曲曲、枝枝节节，即便胸中有万丈光芒，托出来也不过就是那丁点儿亮。于是，俯仰之间，总觉得被拘着、束着、挤着、磨着，好比那郑板桥，硬着头皮做清官、好官，却屡屡遭贬、被逐，无奈掷印辞官，弹掉几两乌纱，自抓一身搔痒，自讨几分糊涂下酒，于是，身心俱轻。正是：行到水穷处，坐起看云时。此一糊涂，人生境界顿开，先前舍不下的成了笔底烟云；先前弄不懂的成了淋漓墨迹。因此，你不得不承认糊涂是一种智慧，犹似雾里看花、水中望月，径取朦胧捂眼，而心成闲云。

有一则外国寓言说，在科罗拉多州长山的山坡上，竖着一棵大树的残躯，它已有400多年历史。在它漫长的生命里，被闪电击中过14次，无数的狂风暴雨袭击过它，它都岿然不动。最后，一小队甲虫却使它倒在了地上。这个森林巨人，岁月不曾使它枯萎，闪电不曾将它击倒，狂风暴雨不曾使它屈服，可是，却在一些可以用手指轻轻捏死的小甲虫持续不断的攻击下，终于倒了下来。这则寓言告诉我们，人们要提防小事的攻击，要竭力减少无谓的烦恼，要“糊涂”，否则，小烦恼有时候是足以让一个人毁灭的。我们活在世上只有短短的几十年，不要浪费许多无法补回的时间，去为那些很快就会被所有人忘了的小事烦恼。生命太短促了，在这一类问题上糊涂一些吧，不要再为小事垂头丧气。

“难得糊涂”是一剂处世之良药，直切人生命脉。按方服药，即可贯通人生境界。所谓一通则百通，不但除去了心中的滞障，还可临风吟唱、拈花微笑、衣袂飘香。

糊涂处世是极高明的精明

聪明人不可能做到真糊涂，但是假装糊涂却是更精明的人才能做得到。

郑板桥的“难得糊涂”，表面上看是糊涂，其实是一种精明。这里的“糊涂”，并不是真糊涂，而是假糊涂，嘴里说的是“糊涂话”，脸上反应的是“糊涂的表情”，做的却是“明白事”。因此，这种“糊涂”是人类的一种高级智慧，是精明的另一种表现形式，是适应复杂社会、复杂人事关系的一种高级的、巧妙的处世方式。

工程师史德柏希望他的房东能够减低房租，但是他的房东很难缠，许多人都做过这方面的努力，最终都以失败告终。于是大家得出一致的结论：房东太难打交道，不近人情。

但史德柏却不那样认为，他决定试一试。他给房东写了一封欲擒故纵的信，说合同一到期，他将搬出去（而事实上他不想搬走），如果房租能降低的话，他仍然想住下去。没过几天，房东就带着他的秘书来找史德柏。史德柏非常热情地在门口迎接了房东。

史德柏转了一个弯儿，没有立即谈论房租太高，而先强调自己多么喜欢他的房子，称赞他管理有方，希望能再住一年，可是房租有点儿太高。

多年以来，房东从来没有遇见过一个如此热情而真诚的房客，他被史德柏的赞美感动了，接着，他把史德柏当成朋友似的，开始向史德柏诉苦，说有一位房客给他写过 14 封信，有些信言辞极其粗鲁，太伤他的自尊心；还有一位房客威胁他说如果他不制止楼上那位房客打呼噜，就要退租。

“有你这样的房客，我真是太轻松了。”他高兴地说。

这时情绪激动的房东在史德柏没有提出要求之前，就主动提出减收一点儿租金。史德柏希望再少一点儿，说出他能负担的数目，房东二话不说就同意了。

后来史德柏回忆起这件事自信地说：“如果我用其他房客的方式要求减低房

租的话，我相信一定也会遇到相同的阻碍，我之所以会成功恰恰就是因为我的友善、理解和赞扬。”

每个人都喜欢被赞美，需要得到别人包括陌生人的尊重，需要别人知道自己的价值和优点，所以适度地装装糊涂，说些恭维话，捧捧别人，定会博得他人的欢心，使之乐于与你合作、交往。何乐而不为呢？

英国首相丘吉尔和夫人克莱门蒂娜有一次一同出席某要员举行的晚宴。席间，一位外国外交官将一只自己很喜欢的小银盘偷偷塞入怀里，但他这个小小的举动被细心的女主人发现了，她很着急，因为那只小银盘是她心爱的一套古董餐具中的一部分，对她来说很重要。

怎么办？女主人灵机一动，想到求助于丘吉尔夫人把银盘“夺”回来，于是她把这件事告诉了克莱门蒂娜。丘吉尔夫人略加思索，便向丈夫耳语了一番。

只见丘吉尔微笑着点点头，随即用餐巾作掩护，也“窃取”了一只同样的小银盘，然后走近那位外交官，很神秘地掏出口袋里的小银盘说：“我也拿了一只同样的小银盘，不过我们的衣服已经被弄脏了，所以应该把它放回去。”外交官对此表示完全赞同，两人将盘子放回桌上，于是小银盘物归原主。

在故事中，出席宴会的都是一些头面人物，作为一名外交官，却偷窃了一只小银盘，实在是令人不齿的行为，但是，如果就此张扬出去，这名外交官就更是丢脸之至，而且，其国家的名声也会因为这次事件而蒙羞。所以说，这是一件令人难以处理的事件。丘吉尔的做法很妙，他既保全了大家的面子，而且还成功地做到了“物归原主”。按理说，把自己也变成“小偷”，显然是一种“糊涂”，那么有地位的人物，竟然会为一只盘子而自降身份，然而，这正是解决问题最好的方法。可见，高明的糊涂就是一种精明。

在生活中，人们经常会遇到一些一时难以处理、难以解决的矛盾和冲突，人们可以借助于这种“故意的糊涂”，有意识地拖延时间，来缓和矛盾、化解冲突，以便利用最佳时机解决问题。这种“糊涂”实际上就是“明者远见于未萌，智者避危于无形”，是一种少有的谨慎，可以使你有更多的时间去专注于某项重要的工作，是一种取得胜利的策略。

心里明白也要装糊涂

“糊涂”是一种良好的心态，也是一种美德，以糊涂的心态做人，自然能妥善地处理好与世间的人和事物的关系，既尊重自己，又能获得别人的尊敬，这也是糊涂做人的基本原则。

只有“糊涂”，人才会清醒、才会冷静；清醒了，人才会简单；只有简单而冷静的人，才能做到大度与宽容。总之，这里所说的“糊涂”的本意不是真糊涂，而是一种人生的大智慧，是为人处世低调的艺术。

北宋时有个叫韩琦的人，长期担任宰相之职，曾同范仲淹一起推行过新政。有一次，韩琦带兵出征，夜里，他伏案办公，一名侍卫拿着蜡烛为他照明。那个侍卫不小心走神儿，蜡烛烧了韩琦鬓角的头发。但是韩琦并没有责罚侍卫，只是用袖子蹭了蹭头发，又低头书写了。写了一会儿，他抬头发现拿蜡烛的侍卫换了人，韩琦很担心侍卫长会鞭打那个侍卫，就赶快把他们召来，对他们说：“不要把他换掉，因为他已经懂得怎样拿蜡烛了。”军中的将士们知道此事后，无不感动佩服。

按理说，侍卫拿蜡烛照明时精神不集中，烧了统帅的头发是严重的失职，韩琦对其加以责备是应该的，即使不责备，被烧到时“哎呀”一声也难免，可他不但忍着疼没吱声，还怕侍卫受到鞭打而极力替其开脱。他这种容忍的态度比批评和责罚更能让士兵改正缺点、尽职尽责，而且，韩琦统率的是一支大部队，事情虽小，影响却大，上上下下无不知晓，谁不愿意为这样的统帅卖命呢?

韩琦镇守大名府时，有人献给他两只玉杯，这两只玉杯表里都毫无瑕疵，可谓稀世珍宝。韩琦非常珍爱它们，赏给献宝人许多银子。每次大宴宾客时，韩琦总要专设一桌，铺上锦缎，将那两只玉杯放在上面使用。可是有一次在劝酒时，一个官员不小心将玉杯碰掉在地上，摔了个粉碎。在座的官员都惊呆了，碰掉玉杯的官员也吓傻了，跪在地上请求治罪。可韩琦笑着对宾客说：“大凡宝物，是成是毁，都有一定的命数，该拥有时就有人把它献出来，该坏时谁也保不住。”说完又转过脸对跪在地上的官员说：“你偶然失手，并非故意的，有什么罪呢？”

这番话说得十分精彩！玉杯已经打碎，无论怎样也不能复原，如果责骂、痛打肇事者一顿，不过是多了一个仇人，众位宾客也会十分尴尬，好端端的一次聚会便会不欢而散，于自己的形象也会不利。不仅于事无补，反而有害，不如宽容大度一点儿，效果会好得多。果然，韩琦此言一出，立刻博得了众人的赞叹，而肇事者对他更是感激涕零。

元代吴亮在谈到韩琦时说：“韩琦器量过人，生性淳朴厚道，不计较疙疙瘩瘩一类的小事；功劳天下无人能比，官位升到臣子的顶端，但不见他沾沾自喜；经常在官场的不测之祸中周旋，也不见他忧心忡忡；不管在什么情况下，他都能做到泰然处之；一生不弄虚作假。在处世上，被重用，就立于朝廷，与士大夫们公平议事；不被重用，就回家享受天伦之乐，一切出自真诚。”

韩琦一生处于危险的官场之中，而又一直立于不败之地，这是为什么呢？正如他自己所说的：“天下之事，没有完全尽如人意的，一定要用平和的心态去对待。不这样，连一天也过不下去。和小人在一起时，要心里明白装糊涂，知道他是什么人，同他少来往就是了。”这就是韩琦处世高人一筹的秘诀。

每个人对于糊涂，都有不同的理解，每个人也会悟到不同的真谛。糊涂是大智若愚、宽容忍让；是大勇若怯、以柔克刚；是外乱内整、内精外纯；是宠辱不惊、是非心外；是得意淡然、失意泰然；是宽容忍让、不计前嫌；是不为物喜、不为己悲；是乐天知命、顺应自然；是淡泊名利、知足常乐；是与世无争、宁静安然；是居安思危、未雨绸缪；是清静养神、清心寡欲；是谤我容之、侮我化之……

学会不置可否的方法

不执着于眼下小的是非可否，正是为了将来更好地分个清楚明白。

有位秀才第三次进京赶考，住在一个经常住的店里。考试前两天他做了三个梦；第一个梦是梦到自己在墙上种白菜；第二个梦是下雨天，他戴了斗笠还打伞；第三个梦是梦到跟心爱的表妹脱光了衣服躺在一起，但是背靠着背。

这三个梦似乎有些深意，秀才第二天就赶紧去找算命的解梦。算命的一听，连拍大腿说："你还是回家吧。你想想，高墙上种菜不是白费劲吗？戴斗笠打雨伞不是多此一举吗？跟表妹都脱光了躺在一张床上了，却背靠背，不是没戏吗？"

秀才一听，心灰意冷，回店收拾包袱准备回家。店老板非常奇怪，问："不是明天才考试吗，今天你怎么就回乡了？"秀才如此这般说了一番。店老板乐了："哟，我也会解梦的。我倒觉得，你这次一定要留下来。你想想，墙上种菜不是高种吗？戴斗笠打伞不是说明你这次有备无患吗？跟你表妹脱光了背靠背躺在床上，不是说明你翻身的时候就要到了吗？"

秀才一听，更有道理，于是精神振奋地参加考试，居然中了个探花。

秀才差一点丢掉到手的幸福，源于他对事物的认识太过执着，是非观念太强。换了是我，肯定不会有这样的事情发生，因为我觉得很多事情根本就没有对错之分。

很多人不会藏，藏不住该藏的东西，是因为不懂得不分是非的好处。

西汉末年，王莽篡位，贪婪无度。统治秩序极其混乱，人民苦不堪言，绿林、赤眉两军适时打起反王旗帜，共图大业。但起义军内部不和，经常为权势而争斗不已。

公元 23 年，绿林军内部为争权夺势，设计杀死了刘秀的哥哥。刘秀得知后，赶紧从外地奔回"请罪"，缄口不谈兄弟两人在昆阳大捷中的功绩，不为哥哥服丧，也不与哥哥的旧将交谈，在绿林众将面前言谈举止和原来一样，丝毫看不出悲哀的样子。这样，刘秀终于骗过了当时已被拥立为帝的刘玄和许多参与谋杀哥哥的将领的眼睛，保住性命并渐渐取得了他们的信任，以致后来刘玄还糊里糊涂地派他去河北进行扩展势力的重要工作。刘秀趁此良机在河北境内积极发展自己的势力待羽翼成熟才拥兵自立，一举打败绿林军，杀了刘玄，自己当上了东汉的开国皇帝，这才有封建治世上的“光武中兴”。

丧兄之痛不可谓不大，但刘秀却能忍此大悲痛，强装笑颜。假使他当时心存是非之念，执着于对错之间，不隐亡兄之痛而发一夫之怒，非但不能为惨死的兄长报仇，反而会白白送去自己的一条性命。有时候，暗中积蓄力量，等待时机才是上上之策。

孔子曾说：“君子之于天下也，无适也，无莫也，义之与比占。”也就是说，君子对于天下的万事万物，并没有规定怎么样处理好，也没有规定怎么样处理不好，必须根据实际情况，只要合理恰当，就可以了。

确实，人世间的事在大多数情况下是很难用对和错来简单区分的，合适与否，才是最为紧要的。对于身边的事理如何看待，采取什么样的态度，孔子的方法值得我们借鉴。

生活中，凡事不可认死理，大事聪明，小事糊涂，学会不分是非，采取一种不置可否的态度接人待物，既是一种智慧，也是一种品德。否则，聪明过度，妄下结论，往往会使自己处于尴尬的境地，甚至引火烧身。

随方就圆可减少阻力

在所有形状中，圆形是最无懈可击、前进时最没有阻力的。

东晋的元老重臣王导，晚年耽于声色，不理政事，手下人怨声四起，说他老迈无用，而王导自言自语道：“人言我愦愦，后人当思此愦愦。”意思是说，现在社会上的人说我昏愦无能，然而后代人将会因我现在的昏愦无能而感激我。此话怎讲？

原来五胡乱世之后，大批北方人移居到南方，既给南方带来了先进的生产技术，也带来了秩序上的混乱，东晋立国之初，政局极为混乱，皇帝被权臣走马灯似的换下，王导曾被皇帝戏邀共登龙床，幸好他聪明，赶快谢绝。手下权臣之间互相倾轧，士族与庶族之间互不通婚，互不往来，士族子子孙孙享受高官厚禄，庶族世代居下，两个阶层矛盾极深。北方人南下，势必要侵扰南方人的利益，形成南北之争，加之北方胡人时来侵扰，民心甚为不安。这一切对王导来说，简直就是剪不断，理还乱，甚至是越理越乱，因为只要他偏袒任何一方，都可能引起双方大的争斗，从而影响到政局的稳定，立国之初，根基本来就是稳不住的。只见他稳坐本位，无为而治，做和事佬。争斗的双方势力此消彼长后，政局也就稳定下来了，他死后，东晋的生产恢复起来，有了一定的中兴气象。难怪后代史家都评论此人是个聪明官。

为了保存实力，达到向上升的目的，有时不得不装聋作哑。

孙子说：“混混沌沌形圆，而不可败也。”

人际交往中也存在着“形”的问题，运用“形圆”的心术，关键要懂得“形”的作用，外圆而内方。圆，是为了减少阻力，是方法，是立世之本，是实质。

船体，为什么不是方形而总是圆弧形的呢？那是为了减少阻力，更快地驶向彼岸。人生也像大海，交际中处处有风险，时时有阻力。我们是与所有的阻力较量，拼个你死我活，还是积极地排除万难，去争取最后的胜利？

生活是这样告诉我们的：事事计较、处处摩擦者，哪怕壮志凌云，聪明绝顶，如果不懂“形圆”，缺乏驾驭感情的意志，往往会碰得焦头烂额，一败涂地。

威名赫赫的蜀国名将关羽，就是一个典型的例子。

若说关羽的武功盖世超群，没有人会质疑。“温酒斩华雄”“过五关斩六将”“单刀赴会”等等，都是他的英雄写照。但他最终却败在一个被其视为“孺子”的吴国将领之手。究其原因，是他不懂心术，不懂“形圆”。他虽有万夫不当之勇，但为人心胸狭窄，不识大体。除了刘备、张飞等极个别的铁哥们之外，其他人都不放在眼里。他一开始就排斥诸葛亮，是刘备把他说服；继而排斥黄忠；后来又和部下糜芳、傅士仁不和。他最大的错误是和自己国家的盟友东吴闹翻，破坏了蜀国“北拒曹操，东和孙权”的基本国策。在与东吴的多次外交斗争中，凭着一身虎胆、好马快刀，从不把东吴人包括孙权放在眼里，不但公开提出荆州应为蜀国所有，还对孙权等人进行人格污辱，称其子为“犬子”，使吴蜀关系不断激化。最后，东吴一个偷袭，使关羽地失人亡。

《菜根谭》中说：“建功立业者，多虚圆之士”。意思是建大功立大业的人，大多都是能谦虚圆活的人。

北宋名相富弼年轻时，曾遇到过这样一件事，有人告诉他：“某某骂你。”富弼说：“恐怕是骂别人吧。”这人又说：“叫着你的名字骂的，怎么是骂别人呢？”富弼说：“恐怕是骂与我同名字的人吧。”后来，那位骂他的人，听到此事后，自己惭愧得不得了。明明被人骂却认为与自己毫无关系，并使对手自动“投降”，这可说是“形圆”之极致了。富弼后来能当上宰相，恐怕与他这种高超的“形圆”处世艺术很有关系。但富弼又绝不是那种是非不分，明哲保身的人，他出使契丹时，不畏威逼，拒绝割地的要求。在任枢密副使时，与范仲淹等大臣极力主张改革朝政，因此遭谤，一度被摘去了“乌纱帽”。

在现实生活中，每个人都会面临许多人际间的矛盾，如何处理呢？

富弼为我们树立了一个很好的榜样，就是做人既要外形“圆活”，心胸豁达，与人为善；又要内心“方正”，坚持原则，维护自己的独立人格。

糊涂之理正是一种随方就圆、游刃有余的人生智慧。水自漂流云自闲，花自零落树自眠。于狭窄处，退一步，糊涂一事，得一人生宽境；遇崎岖时，让三分，糊涂一时，开一人生坦途。于是，糊涂成了人生的润滑剂，智者抽身来，抽身去，出世、入世，均通达无碍了。

糊涂是一种大智，纵目可及三千里，才能忍得闲气小辱，才能食苦若饴，从中得到滋养；糊涂是一种大智，能容纳天地，才能不为利急，不为名躁，左右逢源，进退有据；糊涂是一种大智，是一种能勘破世事，也能勘破自己的大智。给自己一个假面，又不怕丢失自己。

人际交往不可太认死理

俗话说家和万事兴，推而广之，人和也万事兴。人际交往中切不可太认死理，装装糊涂于己于人都有利。

孟子认为，君子之所以异于常人，便是在于其能时时自我反省。即使受到他人的不合理对待，也必定先躬省自身，自问是否做到仁的境界？是否欠缺礼？否则别人为何如此对待自己呢？等到自我反省的结果合乎仁也合乎礼了，而对方强横的态度却仍然未改，那么，君子又必须反问自己：我一定还有不够真诚的地方，再反省的结果是自己没有不够真诚的地方，而对方强横的态度依然故我，君子这时才感慨地说："他不过是个荒诞的人罢了。这种人和禽兽又有何差别呢？对于禽兽根本不需要斤斤计较。"

每个人都生活在社会中，有人的地方自然会有矛盾。有了分歧不知怎么办，很多人就喜欢争吵，非论个是非曲直不可。其实这种做法很不明智，吵架又伤和气又伤感情，不值。不如大事化小，小事化了。

事实上，按照一般常情，任何人都不会把过去的记忆像流水一般地抛掉。就某些方面来讲，人们有时会有执念很深的事件，甚至会终生不忘，当然，这仍然属于正常之举。谁都知道，怨恨会随时随地有所回报，所以，为了避免招致别人的怨愤或者少得罪人，一个人行事需小心在意。《老子》中据此提出了"报怨以德"的思想，孔子也曾提出类似的话来教育弟子，其含义均是叫人处事时心胸要豁达，以君子般的坦然姿态应付一切。

《庄子》中对如何不与别人发生冲突也作过阐述。有一次，有一个人去拜访老子。到了老子家中，看到室内凌乱不堪，心中感到很吃惊，于是，他大声咒骂了一通扬长而去。翌日，又回来向老子道歉。老子淡然地说："你好像很在意智者的概念，其实对我来讲，这是毫无意义的。所以，如果昨天你说我是马的话我也会承认的。因为别人既然这么认为，一定有他的根据，假如我顶撞回去，他一定会骂得更厉害。这就是我从来不去反驳别人的缘故。”

从这则故事中可以得到如下启示：在现实生活中，当双方发生矛盾或冲突时，对于别人的批评，除了虚心接受之外，还要养成毫不在意的功夫。人与人之间发生矛盾的时候太多了，因此，一定要心胸豁达，有涵养，不要为了不值得的小事去得罪别人。而且生活中常有一些人喜欢论人短长，在背后说三道四，如果听到有人这样谈论自己，完全不必理睬这种人。只要自己能自由自在按自己的方式生活，又何必在意别人说些什么呢？

做人固然不能玩世不恭，游戏人生，但也不能太较真，认死理。“水至清则无鱼，人至察则无友”，太认真了，就会对什么都看不惯，连一个朋友都容不下，把自己同社会隔绝开。镜子很平，但在高倍放大镜下，就成了凹凸不平的山峦；肉眼看很干净的东西，拿到显微镜下，满目都是细菌。试想，如果我们“戴”着放大镜、显微镜生活，恐怕连饭都不敢吃了。再用放大镜去看别人的毛病，恐怕许多人都会被看成罪不可恕、无可救药的了。

人非圣贤，孰能无过。与人相处就要互相谅解，经常以“难得糊涂”自勉，求大同存小异，能容人，你就会有许多朋友，且左右逢源，诸事遂愿；相反，过分挑剔，“明察秋毫”，眼里不揉半粒沙子，什么鸡毛蒜皮的小事都要论个是非曲直，容不得人，人家也会躲你远远的，最后，你只能关起门来当“孤家寡人”，成为使人避之唯恐不及的异己之徒。古今中外，凡是能成大事的人都具有一种优秀的品质，就是能容人所不能容，忍人所不能忍，善于求大同，存小异，团结大多数人。他们具有宽阔的胸怀，豁达而不拘小节；大处着眼而不会鼠目寸光；从不斤斤计较，纠缠于非原则的琐事，所以他们才能成大事、立大业，使自己成为不平凡的人。

但是，如果要求一个人真正做到不较真、能容人，也不是简单的事，首先需要有良好的修养、善解人意的思维方法，并且需要经常从对方的角度设身处地地考虑和处理问题，多一些体谅和理解，就会多一些宽容，多一些和谐，多一些友谊。比如，有些人一旦做了官，便容不得下属出半点毛病，动辄横眉立目，发怒斥责，属下畏之如虎，时间久了，必积怨成仇。许多工作并不是你一人所能包揽的，何必因一点点毛病便与人怄气呢？可如若调换一下位置，站在挨训人的立场，也许就会了解这种急躁情绪之弊端了。

有位同事总抱怨他们家附近小店卖酱油的售货员态度不好，像谁欠了她巨款似的？后来同事的妻子打听到了女售货员的身世，她丈夫有外遇离了婚，老母瘫痪在床，上小学的女儿患哮喘病，每月只能开四五百元工资，一家人住在一间15平方米的平房，难怪她一天到晚愁眉不展。这位同事从此再不计较她的态度了，甚至还建议大家都帮她一把，为她做些力所能及的事。

在公共场所遇到不顺心的事，实在不值得生气。有时素不相识的人冒犯你，其中肯定是另有原因，不知哪些烦心事使他此时情绪恶劣，行为失控，正巧让你赶上了，只要不是恶语伤人、侮辱人格，我们就应宽大为怀，不以为然，或以柔克刚，晓之以理。总之，没有必要与这位原本与你无仇无怨的人瞪着眼睛较劲。假如较起真来，大动肝火，枪对枪、刀对刀地干起来，再酿出个什么严重后果来，那就太划不来了。与萍水相逢的陌路人较真，实在不是聪明人做的事。假如对方没有文化，与其较真就等于把自己降低到对方的水平，很没面子。另外，从某种意义上说，对方的触犯是发泄和转嫁他心中的痛苦，虽说我们没有义务分摊他的痛苦，但确实可以你的宽容去帮助他，使你无形之中做了件善事。这样一想，也就会容忍他了。

人生有许多事不能太认真，太较劲。特别涉及人际关系，错综复杂，盘根错节。太认真，不是扯着胳臂，就是动了筋骨，越搞越复杂，越搅越乱乎。顺其自然，装一次糊涂，不丧失原则和人格；或为了公众为了长远，哪怕暂时忍一忍，受点委屈也值得，心中有数（树），就不是荒山。有时候，事情逼到那个份上，就玩一次智慧，表面上给他个“模糊数学”，让他丈二和尚摸不着头脑，也是“糊涂”。评职、晋级时，某候选人向你面授机宜，讨你个“民意”，你明知道他不够格儿，可又不好当面扫他的兴，这时候你怎么办？不哼不哈，或嘻嘻哈哈，划“○”时再较真，不失原则。人格，似乎也不失。当事人问到了，坦诚指出他不够格儿的地方，不问就顺其便。“糊涂”是既可免去不必要的人事纠纷，又能保持人格纯净的妙方。

“难得糊涂”原本就是缘由“不公平”而发的。世道不公，人事不公，待遇不公，要想铲除种种不公又不可能，或自己无能，那就只好祭起这面“糊涂主义”的旗帜，为自己遮盖起心中的不平。假如能像济公那样任人说他疯，笑他癫，而他本人则毫不介意，照样酒肉穿肠过，“哪里有不平哪有我”，专拣达官显贵“开涮”，专替穷苦人、弱者寻公道，我行我素，自得其乐。这种癫狂，半醒半醉，亦醉亦醒，也不失为一种“糊涂”。

折中办事最受欢迎

生活中往往有许多事情如果认真求全，往往不易办成，而且还会在心里产生挫败感，倒是折中一下比较好。折中能促成完满的人际氛围，妥善地化解各种矛盾。办事自然就不会不顺利。

晚清名臣张之洞曾就任山西巡抚，即将启程时，有一个山西籍富商，泰裕票号的孔上司表示要送一万两银子给他。他对张之洞说，他深知张之洞为官清廉，手头并不宽裕，出于对张之洞的敬慕，他送“一点儿薄礼”，是为张之洞解决些差旅费。

张之洞当时婉言谢绝了孔上司的好意。可是当他来到山西，考察了当地的情况之后，深为山西罂粟种植之多而感到震撼，他决心铲除山西的罂粟，让百姓重新种植庄稼。而改种庄稼，就需要帮助百姓买耕牛、买粮种，但山西连年干旱歉收，加上贪官污吏的中饱私囊，拿不出救济款发放给老百姓。他深感世事多艰，有时太坚持原则会把人难死，他决定向商号募捐。这时，他第一个想到的就是孔上司。

他想，孔上司很有实力，他拿银子贿赂自己，无非是为了日后得到关照。如果说服孔上司把银子捐出来，为山西的百姓做善事，以银子换美名，他或许会同意。

经过商谈，孔上司终于表示愿意拿出五万两银子，但前提是要满足他的两个条件：一是请张之洞在他票号大门口的匾上题写“天下第一诚信票号”八个字；二是要张之洞为他弄个候补道台的官衔。

刚开始张之洞觉得孔上司的这两个条件都不能答应，因为自己连泰裕票号诚信不诚信都不知道，又怎么能说它是“天下第一诚信票号”呢？第二，他向来讨厌捐官，认为捐官扰乱吏治，怎么能做这样的事！但是张之洞转念一想，如果不答应他，又到哪里去弄五万两银子呢？没有这五万两银子，就没有五六千户人家的种子和耕牛，他们地里长的罂粟就不能被铲除，禁烟也就成了空话。

五万两银子毕竟不是个小数目，经过反复思考，张之洞决定采用折中的手段，答应为孔上司的票号题写“天下第一诚信”六个字，这跟孔上司所要求的那八个字相比，不仅仅是少了“票号”两个字的问题，意思上也有了很大的不同，因为“天下第一诚信”这六个字意味着：天下第一等重要的是诚信二字，并不一定是说他们泰裕票号的诚信就是天下第一。

至于第二个要求，张之洞反反复复想了很久，最后给自己找了这样一个台阶：一来，捐官的风气由来已久，不足为怪；二来，即使孔上司做了候补道台，他依旧要做他的票号生意，并不会等着去补缺，也就不会去抢别人的位置，所以对孔上司来说不过是得了个空名而已；再者，按朝廷规定，捐四万两银子便可得候补道台，孔上司要捐五万两，已经超过了规定的数目，给他个候补道台的虚名，于情于理，都不为过。为了五万两救民解困的银子，张之洞终于“说服”了自己，而孔上司最后也接受了张之洞的折中方案。

把事情办得周全，让各个方面都妥帖，这才叫高明。张之洞采取折中的方式，借孔上司的钱改善民生，而孔上司也得到了虚名。

人们常称赞一举两得、两全其美的举措，是因为这些举措排除了触及各种人际关系后所产生的负面效果，直接达到了预期的目的。有人询问一位办事高手：“如何才能办好每件事？”高手回答：“也没有什么，只是折中罢了。”这“折中”二字可使我们在生活中受益良多。

“糊涂”领导易受人拥护

领导如果在业务上精明，为人上宽容，就非常容易获得下属的拥戴。

身为领导者，管理下属自然糊涂不得。但在很多情况下，精明也许恰恰表现为“糊涂”。这种别出心裁、恰到好处、闪烁着智慧之光的“糊涂”，往往具有不可思议的魔力，能获得超出想象的理想效果。与过分精明的领导者相比，一个“糊涂”的领导者，自有其独特的魅力。他绝不会虚张声势、盛气凌人，也不会自恃高人一等而颐指气使、乱发号施令。他总是温良敦厚、亲切随和，给下属以良好的心理影响，使其感到温暖、友好，从而获得心理上的安全感，进而最大限度地激发出创造的热情和灵感，确保奋斗目标的实现。

三国时期，诸侯割据称雄，各个势力长期混战，力量此消彼长。曹操在这个过程中逐渐强大起来，成为唯一能和袁绍抗衡的力量。

不过在当初，袁绍的实力比曹操强大得多。曹操手下的不少谋士都与袁绍有书信上的秘密往来，因为他们害怕曹操被袁绍兼并以后自己没有退路。

官渡之战结束后，在清理战利品时，曹军从袁军大营里缴获了一大摞书信，都是曹操的部下写给袁绍的密信，那些写了信的人一个个胆战心惊，不知如何是好。正当众人紧张万分之际，曹操却当着众人的面，把那些信全部烧掉了，并对他们说：“过去的就让它过去吧，以前我们就像鸡蛋，而袁军就像石头。我也在为自己的退路担心，我的下属这么做，我完全能够理解。”

那些提心吊胆的人见曹操如此宽容，又目睹那一大摞书信在烈火中化为灰烬，个个如释重负，感到空前的轻松，都流下了感激的泪水。

那些给袁绍写过信的人，从此成了曹操忠实的谋士，他们争相为曹操出谋划策，为曹操称霸贡献了自己的力量。

在一个单位里，如果领导者处处精明，斤斤计较，那么他的下属们就很难对他说出真心话，他们做事的时候，在很多拿不准的地方也不会征询领导者的意见，因为他们怕领导会因为这种小事而大发雷霆。最糟的就是，即使他们遇到困难也不会，或者不愿意告诉上司。

某五金材料公司发生大笔货款收不回来的情况，虽然业务负责人知道这件事，但因为怕被上司责备，所以一直没有说出真相。不久，事情越来越严重，消息传到上司耳中时，为时已晚。在催讨货款时，发现对方已经破产，并且已经把一些值钱的东西都抵押给先来讨债的债权人了，只留下一大笔未还清的债。

这种例子屡见不鲜，为什么平常很谨慎，做事一板一眼的上司，竟会遇到这种事情呢？通过对这类问题的分析发现：原来是业务负责人在账簿上动了手脚。之所以会出现这样的情况，除了个别的下属是为了自己的私利而不择手段之外，多半是因为领导者太苛刻了，导致下属在做不好事情的情况下，不是选择及时告诉领导者来共同面对，而是试图通过自己的小手腕来调整，结果往往会把事情越弄越糟，最后达到不可收拾的地步。

一般的上司会让下属有防备之心，所以上司有时候要放低姿态，表现出自己并不精明的一面，让下属觉得你和他们很相似，而不是监督机器，这样下属才能安心地畅所欲言。但是，不要真的什么都不懂，无论如何，上司应该事先对工作有所了解。如果下属不认为“上司还有一点儿真本事”，那么真的就会被下属看不起。

诚然，什么事都交给下属做、对工作进度一无所知是不行的。但是，经常一副战战兢兢、害怕被下属背叛的样子，也难保不会有问题发生。有时下班后和下属一起去吃顿饭、唱唱歌也不错，这样既能让下属看看自己私底下亲切的一面，也能促进与下属间的和谐关系。

培养视而不见的功夫

有时候难免看见不该看见的事，这时候不如装糊涂，假装没看见。

俗话说得好：人无完人。每个人都有自己的缺点和不足，在人与人的交往中，如果我们总是睁大双眼，两只眼睛像显微镜似的观察、计较别人的缺点和不足，那么，我们永远不会满意对方，我们会嫌弃、厌恶别人，这就处理不好与同学、同事、朋友、亲人、爱人的关系了，会破坏起码的团结，会失去朋友，甚至失去亲人和爱人。如果我们闭上一只眼睛，以一种宽容的心态去看待别人的缺点和不足，给别人一份信心，给自己一份轻松，生活就变得可爱多了。

有个孤儿被一个目瞽的算命先生收做徒弟。某日，一枚银元掉落在地上，徒弟刚伸手，却让师傅抢先一步捡去。于是西洋镜被拆穿，原来师傅的目瞽是假的！师傅说，伪装是为了谋生计，为了这生计你又不得不伪装。你看，那个女人手持药方，步履匆匆、神色慌张，你就知道她家里有人得了急病；那个男人大腹便便，讲话打哈哈，你就猜出是个当官的。如此，替人算起命来就容易多了。徒承师业，这孤儿后来也装成瞎子，戴上一副墨镜周游四方，号称“瞎半仙”。在他的算命生涯里，找他算命的可谓三教九流都有，有由秘书陪同的官员，也有由小官陪同的大官，有身边人替他付算命钱的，也有自己从“红包”里抽出钱来的。反正人家都以为他是瞎子，只会闭眼替人算命，不能睁眼看这个现实世界。事实上某些人在他眼前一站，他就能认出是谁。对其中的某位，“瞎半仙”或许会在肚子里直笑：昨天我在电视上看你口沫横飞地作扫除迷信的报告，今天你却到这里听我做算命文章。

这种行为在生活中就是“睁一只眼、闭一只眼”的“糊涂”行为。在生活中，“糊涂”不等于马虎，“糊涂”是一门学问，包含着物极必反的深奥道理，属于清醒的最高级别，需要倾注大量的文化情愫进行长年累月的修炼之后才能自然流露。而马虎不需要做什么，只不过是一种满不在乎的陋习罢了。

将糊涂学活学活用到生活中，也就是“睁一只眼、闭一只眼”，也叫视而不见。对有些事情，你好像已经看见了，又好像没有看见。工作中要多运用这种视而不见的功夫，少去注意那些不必要的东西，更不要肆意发挥你的好奇心，否则，你就是聪明过头了。

该糊涂的时候要糊涂

一个人遇事总是过分计较，一味地追究到底，硬要讨个“说法”，那么烦恼和忧愁便会先于“说法”而来，不利于身心健康。

有这么一件真实的事：某单位有两个职工不到规定的年龄就提前办了内退，一个是管理人员，大小是个干部，在单位是有名的“不占便宜就是吃了亏”的人；另一个是普通职工，当了一辈子工人也没有占过什么便宜，退休后更没有什么轰轰烈烈的事迹。退休一年后，那个中层干部因为老觉得自己这次提前内退吃了亏，整日郁闷，结果还没拿到退休证就忧郁成疾，很快就去世了。另一个职工上班时是车间中一名普普通通的工人，出大力挣小钱，没占过什么便宜，内退后也只是靠卖点儿菜赚点儿小钱贴补生活，却心态平和，一家人一直过得和和美美。

这件事使人想起了一句话——糊涂者长寿。现代科学研究表明，经常处于烦恼和忧郁状态的人，不仅会加速衰老，而且高血压、精神病、心脏病等疾病也会不期而至。而心态“糊涂”既可使矛盾冰消雪融，又可使紧张的气氛变得轻松、活泼，从而保持心理上的平衡，避免许多疾病的产生。当你处于困境时，“糊涂”一点儿能使你保持心胸坦荡、精神愉快，减少对“大脑保卫系统”的不必要刺激，还可消除生理和心理上的痛苦和疲惫。著名相声表演艺术家马季就是“糊涂长寿”的倡导者和受益者。

马季在继承民族曲艺的同时，也吸收了传统医学的精髓，并作为他的保健良方，潇洒地生活着。马季在“文革”时期不知挨过多少批，受过多少训，他对此总是“糊涂”以待，丝毫也不申辩。他说：“我要是小心眼儿，这世界上早就没有马季了！”当年在中央电视台春节联欢晚会上，马季忙于“传帮带”，推出年轻相声演员，可有人劝他：“干吗不露露脸，大家都快把你忘了。”他满不在乎地说：“我已经完成了自己的历史使命，干吗老让大家惦记着。要那名干什么？

谁不知你身上有几两肉?”

“糊涂”使他有清醒的头脑、轻松的精神状态。

有一阵,马季好久没有“出场”了。一次,在公共汽车上,两个小伙子谈论:“我听说马季出事被抓了!”

“不会吧,昨天电视台还在播他的相声呢?”

“那是早录好的!”

巧的是,马季当时正好坐在车上。可他又“糊涂”起来,把头往衣领里一缩,不吭一声,到站就下车了。

显然,马季的“糊涂”是一种平常心。无论遇到什么情况,他都能保持一种宁静、淡泊的心态,而这正是养生的高境界。

在现实生活中,许多人往往不能控制自己的情绪,想“糊涂”却难“糊涂”,遇到不顺心的事,要么“借酒消愁”,要么“以牙还牙”,更有甚者,因想不开而轻生厌世,这都是错误的做法。

那么,怎样才能在该“糊涂”的时候做到“糊涂”呢?

首先,要学会理智处事,沉不住气时反复提醒自己要以理智的心态来控制自己的感情。

其次,要学会苦中求乐,善于在生活中寻找乐趣,多参加一些自己感兴趣的活动,把生活安排得丰富多彩,让自己活得有滋有味。

第三,要学会广交朋友,遇到挫折、失败之事,不妨找知心朋友谈谈心。

第四,要学会巧妙地应对各种复杂多变的环境,以保持心理平衡,维护身心健康。

会随遇而安的人眼光远大、胸怀宽广,把世间的一切变化都看得很平常,这样的人心理必然平衡,平时笑口常开,自然也就健康长寿,生活得愉快幸福。

|第四章|

韬光养晦：保存实力的生存艺术

实力决定成败。这个世界是凭实力来分配资源和利益的，在竞争中如果你实力不够强行出头，就有可能会导致失败。大智若愚者深明在时势不利时保存自己实力的重要性，采用各种韬晦之术来隐藏自己的真实意图，不断积蓄力量图谋进取。一旦时机成熟，果断才出手，全力争胜，赢得属于自己的资源和利益，达成既定目标。

生存本领

韬晦之术是斗争的有效手段

所谓“韬晦之术”，就是通过各种欺骗手法，表面上收敛锋芒，隐藏才能行迹，掩饰政治上的野心和志向，解除对敌人造成的威胁感，麻痹敌人的警惕性，等待时机成熟，实现预谋的斗争目的。

中国古代历史上，“韬晦之术”是一种重要的政治斗争手段，借助韬晦之术而达到政治目的的权术家大有人在。韬晦之术以其独特的神奇功效，历来受到统治者的重视。尤其是各种野心家和阴谋家，更是把韬晦之术视为自我保护和图谋进取的有效手段。

“韬晦”的字义，是伪装、隐藏的意思。在激烈复杂的政治斗争中，人们的真实面貌和目的常常需要加以一定的掩饰。中国古代的权术家很早就学会了在政治斗争实践中运用韬晦的手段，从志向、才能、名望、感情、生理等各个角度和侧面进行掩饰和伪装。

常用手段之一：在志向方面进行掩饰。

在中国古代官场上，剑拔弩张、锋芒毕露者总是容易引起政敌的猜疑和不安，使人感到畏惧和威胁，从而难免树敌招怨；与此相反，那些庸庸碌碌、胸无大志的人，则可以使政敌在心理上产生一种安全感，容易被轻视和忽略，反而能够出人意料地成功。于是，不示人以大志，便成为一种重要的韬晦手法。

在时机尚未成熟之际，权术家的野心和权欲常常隐藏在恬泊淡然或者沉湎酒色背后，他们暂时收敛锋芒，表面上与世无争，极力掩饰自己的政治志向和权力欲望。野心和权欲固然需要掩饰，即使没有野心和权欲，在某些情况下也需故作胸无大志的姿态，以避免遭到猜忌，从而保全自己。

常用手段之二：在才能方面进行掩饰。

从事政治活动需要一定的才能，而人们的才能由于各种原因存在着很大的差异。在选拔政治人才方面，中国古代很早就提出了“选贤举能”的主张，但是，这只是一种理想主义的标准，在政治实践中难以真正实现。权力地位并不是仅仅依靠才能获得的，恰恰相反，才能不过是权势的影子，权势越大，也就自认为才能越高。君主永远是圣明伟大的，上司永远是正确高明的。这就是政治现实的必然逻辑。

如果臣属和下属的才能超过了君主和上司，而又不加以掩饰，其结果每每不会美妙。这种血淋淋的政治斗争现实，无时无刻地提醒着那些暗怀异志或者恃才自傲的政客们：切记不可表现出比上司还要高明。掩饰自己的才能便成为政界常见的韬晦手法之一。

常用手段之三：在名望方面进行掩饰。

政治不仅追逐权力，而且追逐名望。权力与名望之间有着密切的关系，权力固然可以带来一定的名望，而名望同样有助于获取和巩固权力。权力和名望都是统治者正确的目标。如同志向和才能一样，别人的名望也会使权势者感到一种威胁。中国古代的权势者们，有谁能够容忍臣僚和下属的名望超过自己？民众感恩戴德的对象，只能是权势者自己，决不允许任何他人分享。

常用手段之四：在感情方面进行掩饰。

为了一定的政治目的，掩饰自己的真实感情，这也是一种常用的韬晦手法。在力量对比不利的情况下，或者喜怒不形于色，爱憎深藏不露；或者制造假象，用表面上的臣服来掩饰内心的憎恶仇恨。

韬晦之计是在自己力量尚不足，羽翼尚未丰，战机尚未到时，隐瞒自己的真实意图，减少将来对手现在对自己的发现和谋害，从而保存自己，以待今后再战的计谋。

韬晦之计的运用在我国历史上可谓经典多多，特别是那些面对君王之威，深陷官场险恶之中的官吏来说，他们如果不懂得一二种韬晦之计的话，是很难保全自己的性命的。因此，如果要在险恶的生存环境中立身保命，就必须韬晦之计。

隐藏自己的真实力量

无论是战场还是职场，无论是从政还是经商，适当的隐藏自己的力量有时候是一种必须的策略。

古代的荷马史诗《伊利亚特》中记载了有名的特洛伊战争：联军为了攻破特洛伊城，费尽心机想出一条计策。两军交战联军假装节节败退，仓皇中丢下一个内装精兵的木马。特洛伊人眼见敌军败走，欢声雷动，顺理成章地将木马作为战利品带回城内，是夜正当特洛伊人庆祝胜利的时候，木马内暗藏的无数精兵一涌而出，杀得特洛伊人张皇失措，迷糊殒命。城外守候的联军将士一见城内大乱，也急急向城头进攻，一举占领了特洛伊城。这就是有名的“木马计”。

俗话说得好：“兵来将挡，水来土掩。”除非是傻瓜，否则，没有人会拿鸡蛋去跟石头碰。针锋相对，是人们在竞争中的第一选择。

所以，隐藏自己的真实力量，不仅可以免除“人怕出名猪怕壮”的烦恼，更重要的是能够使对方放松警惕，让你在激烈的竞争中变得轻松。这一招，司马懿也曾经用过，并且成功达成了自己的目标。

躺在红木太师椅里，司马懿心事重重：“魏明帝驾崩，幼子齐王曹芳即位，自己身为太尉，和大将军曹爽受明帝遗诏，同辅朝政。曹爽原先不敢自专，凡逢大事必请问。如今，他竟引荐心腹，架空了我。唉，人家曹爽是宗室贵族，再加上自己太尉兵权已被夺去。当了名空架子的太傅，怎能与这小子硬拼呢？养病吧，让曹爽这小子忘了我。”

曹爽没有忘记他。心腹李胜出任荆州刺史，曹爽暗暗嘱咐李胜：“去司马懿处告辞，探探虚实。”

“报太傅，李胜进见！”一声通报惊醒了司马懿。他忙让两个婢女搀扶着，坐在雕花大床上。

李胜刚刚跨入，司马懿忙以手拿衣，衣服却扑的落地。他又向婢女比划着双手，示意口渴。婢女端上一碗粥，司马懿滋溜滋溜喝着，粥汁竟全顺着口角流到了胸前。

李胜心中大喜：司马懿不中用喽！脸上却装出一副痛心疾首的样子："皇上年幼，缺了您辅助不行。您病成这样，天下人都会痛哭流涕的。"

司马懿长叹一声："我老了，快进黄土了。听说您出任并州刺史，好好地干吧，恐怕，我们再也见不到了。"

李胜忙纠正："太傅公，我是去本州，不是并州。"

司马懿知道李胜是荆州人，把荆州说成本州，但他故作昏庸："君将出任并州长官，好自为之。"李胜再也忍不住，反复说："我是去荆州，不是并州。"

司马懿一意装病到底："君去并州出任刺史，正好为国建功立业。此地一别恐今生再难见面。有一事相托于您！"说着唤儿子司马师、司马昭出来，恳求李胜："两小儿从此与君结为朋友，只求您在我死后多多照顾。"话语间，司马懿已开始抽泣起来。

李胜匆匆告别，直奔曹爽家，高兴得手舞足蹈："大将军，太傅胡言乱语，手已拿不动杯子，南北都分不清，肯定活不长了。"曹爽大喜过望，不再把司马懿放在眼里，更加肆无忌惮地弄权。

第二年正月，幼主曹芳按老规矩去高平陵祭祀祖先，曹爽兄弟率兵随驾出行，好不威风。城中无主，司马懿马上部署兵马，飞速占据武库，控制都城。然后，他屯兵洛水浮桥，派人向曹爽兄弟送去一封信："大将军曹爽背弃先帝遗诏，内则僭拟，外专威权，挟幼主以令天下。如秦朝赵高、汉朝吕后、霍光等乱臣贼子。我遵皇太后之命，罢免曹爽兄弟官职，令你们留下幼主及宫内一切侍从。你们自己乖乖回家，尚可恕罪；若违此令，格杀勿论！"

曹爽兄弟眼见重兵压境，不得不依言而行。曹爽兄弟回府后，司马懿征发来的八百民工接踵而至，在曹家四周筑起高墙。三步一岗，五步一哨，在高墙上严密监督曹家的一切行动。曹爽兄弟心慌意乱，马上给司马懿写了封乞求信试探虚实："司马公，家中无粮，请求接济。"司马懿读罢来信，微微一笑，马上下令："备一百斛大米，再多备些肉脯、盐、大豆，送到曹爽兄弟府上！"士兵们送来了这些东西，曹爽兄弟心中略显宽慰：司马懿不计前怨，看来自己可以免去一死啦！

谁料想在这段时间里，司马懿正忙着在朝中剪除曹爽党羽，将他们一一打入监狱。全部障碍扫除后，司马懿把曹爽兄弟也关进狱中，最后以谋大逆的罪名，灭了曹氏九族。

孔子年轻气盛之时，曾受教于老子。老子对孔子说："良贾深藏若虚，君子盛德容貌若愚。"即善于做生意的商人，总是隐藏其宝货，不叫人轻易看见；君子之人，品德高尚，容貌却显得愚笨拙劣。可见，学会隐藏自己的实力，将会使你在激烈的竞争中受益无穷。

有所作为需韬晦

深藏不露，韬光养晦只是一种手段，他的真正目的在于时机来临时能够变被动为主动，做到有所作为，建立自己的显著功业。

东晋温峤就是一个深藏不露，韬光养晦的人。

温峤，字太真，以有识有胆、博学能文、风仪秀整、善于言谈见称于世。曾先后做过司隶都官从事、司徒东阁祭酒。司马睿称帝后，温峤被任命为散骑侍郎，后改任骠骑将军长史，升迁至太子中庶子。

322 年太子司马绍继位，是为晋明帝。温峤起初拜侍中，后来转任中书令，很受皇帝器重，参与朝廷的机密大事，起草诏书命令，皇帝对他十分信任。当时掌握全国军事大权的大将军王敦，正图谋叛乱。温峤忠心为皇室效力，所以为王敦所忌恨。王敦便故意请求朝廷把温峤调去给他当左司马，以便直接控制。

温峤调到王敦那儿任左司马，见王敦对朝廷的政令漫不经心，曾进行多方劝说，但王敦根本置之不理。温峤逐渐觉察到王敦已有反心，并且难以醒悟，于是改变了态度，采取了新的策略，不再规劝王敦，转而对他毕恭毕敬，特别巴结，在处理一些事务上积极为他出谋划策，甚至曲意迎合他，满足王敦的私欲，王敦渐渐地对他产生了好感。

为了进一步取得王敦的信任，温峤采取了结交王敦亲信的策略。他看到钱凤是王敦的心腹，便有意结交钱凤。

于是，为了取得钱凤的信任，他故意常常称赞钱凤了不起，说钱凤腹有经纶，胸有韬略！到处替他宣扬。钱凤听说后，非常高兴，真的以为王敦看中了自己，便把温峤当做最知心的好友。

324 年（晋明帝太宁二年），丹杨尹出缺。丹杨尹是东晋首都的最高长官，温峤很想借出任丹杨尹的机会，回到京师，摆脱王敦的控制，设法制止他的叛乱。然而，根据当时的情况，他不能直接请求，只能采取以退为进的策略。他对王敦说："京师是要害之处，应该有个文武全才的人去担任丹杨尹，最好您亲自挑选一个适合、可靠的人。如果让朝廷选派，恐怕未必恰当。"王敦觉得温峤说得很对，正符合图谋叛乱的意图，便问温峤："那么，请你帮我推荐一个合适的人吧。"温峤不加思索地说："钱凤是最合适不过的了。"

王敦又去征求钱凤对丹杨尹人选的意见，钱凤知道了王敦推荐自己以后，对温峤十分感激，作为回报，钱凤推荐温峤担任丹杨尹。温峤听王敦说钱凤推荐他出任丹杨尹，当然是正中下怀，但表面上再三推辞难以独当一面，说自己不能胜任，宁愿在王敦身边听从指教。温峤越是推辞，王敦就越觉得他对自己忠诚，越要一定让他去。于是王敦上表，让皇帝委派温峤为丹杨尹，其目的是要温峤凭着自己的才干来监视朝廷和分析朝廷各方面的情况。

温峤知道钱凤是个诡计多端而又多疑的人，现在只是一时被他迷惑住，不久就会醒悟，必须想一个万全之策。在王敦为温峤摆设的饯行宴会上，温峤故意装出兴高采烈的样子，和大家左一杯，右一杯地喝个没完。然后又装出醉醺醺的样子，走到钱凤那儿敬酒，故意要让钱凤立即喝下。钱凤的动作稍微慢了一点，刚要端起酒来，温峤就装作发了酒疯，用手把钱凤的头巾一下打落在地，满口吐沫地骂他："我温太真给你敬酒，你竟敢不干杯！"这在当时是极为不礼貌的行为，钱凤因此而怀恨温峤是可以理解的事。王敦以为温峤真的醉了，急忙前去把他们两人拉开。

不久，温峤向王敦辞行上任，故意泪流满面，显出依依不舍的样子。他辞行后走出大厅，又重新返回，然后才上路。

果然，温峤刚走，钱凤便恍然大悟，赶来告诉王敦说："温峤曾当过太子中庶子，和当今皇帝关系十分密切，和皇帝的内兄庚亮交情也很深厚，这个人未必靠得住啊！看他近来的表现，恐怕是个金蝉脱壳之计。"

温峤的计策果然奏效。王敦认为这是钱凤因为昨天喝酒时温峤打落了他的头巾而心怀不满，便诚心诚意地劝他说："昨天温峤是喝了几杯，喝醉了，他虽然对你有点失礼，但属于酒后失态，你也不能耿耿于怀，在背后说人家的坏话啊！"

温峤脱离虎穴，快马加鞭回到建康，把王敦正在谋反的事全部向晋明帝司马绍作了详细的报告，请皇帝迅速戒备，同时又与皇帝的内兄庚亮一起筹划讨伐王敦的准备工作。

等到王敦兴兵造反，朝廷各方面的准备工作也已大致就绪，朝廷即委任温峤为中垒将军、持节、都督东安（县名，今属湖南省）北部军事。消息传到了王敦的耳朵里，他勃然大怒，狂喊道："没想到我竟中了这家伙的奸计！"于是，王敦造反添了一个理由，就是要诛杀皇帝身边的奸臣。他向朝廷上表，列出了一串要诛杀的名单，为首者就是温峤。他甚至还出高价悬赏活捉温峤，恶狠狠地说："捉到后，他要亲自动手割掉温峤的舌头，叫他再也不能摇唇鼓舌地欺骗别人。"

不久，王敦之兄王含和钱凤等人率领部队直逼江宁，京师震动，人心恐慌。温峤急忙把自己的部队调到秦淮河北岸，纵火烧毁了朱雀桥，以挫敌人的锐气，并阻挠他们渡河。

晋明帝司马绍本想率军出朱雀桥攻击叛军，听说朱雀桥被烧毁，十分恼怒。温峤劝他说："现在守卫京城的部队很少，敌我力量对比悬殊，向各地征调的部队还未到达，如果出击不利，叛军万一突然冲进京城，就会危及社稷了！陛下何必吝惜一座桥呢？"

由于朱雀桥被毁了，叛军果然无法渡河，被阻在河对岸，温峤为平定叛乱争得了宝贵的时间。后来，温峤亲自带领部队和叛军夹水作战，击败了王含，又追击钱凤，在讧宁将其彻底击败，叛乱就这样迅速平定了。此后不久，温峤被封为建宁县开国公，赐绢五千四百匹，晋号前将军。

做一个时代的俊杰与英雄，必须与时俱进，适时而为，根据变化的时势而调整自己的战略战术，最终达到自己的目标。而逞血气之勇、匹夫之勇者，却不能算是真的俊杰与英雄，他们会在自己站稳脚跟之前就会倒下，而让自己的事业付之东流。

有时要故意贬低自身

站在明处的永远是靶子，隐藏在暗处的才是猎人。

刘睦是东汉明帝刘庄的堂侄，他从小就好学上进，而且结交了不少的贤人名士，对声色犬马没有一点沉迷和贪恋之心，这样贤明的官员，自然而然地就会受当地人民的爱戴和拥护。

每一年的年底，各个地方的官员、皇亲都要向朝廷朝贺。据说是有一年的年底，刘睦派自己手下的一名官员去洛阳朝贺天子。在官员临行之前，刘睦问起这位官员，说："你到了皇帝那边，如果皇帝问起我的情况，你应该怎样回答?"这位官员诚实地回答说："您忠孝仁慈，礼贤下士，深得百姓爱戴。我虽然没有什么特殊的才能，但是您这样的功绩，我即便是再如何的不善辞令，也会将您在这边的情况如实的禀告给皇上，以期嘉奖。"

刘睦听后，叹了口气，然后连连摇头，感叹道："唉，你如果真的这样禀告给皇上的话，那就把我给害了！我要你见了皇帝以后，禁口不提我在这边的真实情况，否则的话，我将会有灭门之灾，你就说我自从承袭王爵以来，整天意志衰退，行动懒散，每天除了在王宫与嫔妃饮酒作乐，就是外出打猎游玩，对正业毫不在意，只有如此，方能自保。"

刘睦之所以故意贬斥自己是有针对性的，因为在当时，宗室中凡是有些志向，或者广交朋友的，都容易受到朝廷的猜忌，疑心他们会形成一股强大的势力，威胁到皇帝统治的稳定，有时候，弄不好就会招来杀身之祸。而刘睦的这番话可谓有的放矢。

刘睦的一番话，蕴蓄着巨大的智慧，是很值得我们揣摩和借鉴的。在昏聩和多疑的君主面前炫耀自己的才华和智谋无异于引火烧身，而只有表现得沉湎于纸迷金醉、声色犬马之中，独自贬低自己方才能够保全身家性命，否则就会招致杀身之祸。因为在君主觉得臣下对他构成威胁的同时，也就在时刻地监视着你的一举一动，稍有不慎，便会葬身于莫须有的罪名之中。

中国人的全部智慧就在于“深藏不露”这四个字身上，并不是我们要时刻地隐瞒自己，而是当我们将自己放在别人对立面彰显自己的时候，也就意味着你的一举一动都会牵扯到千百万双眼睛的视线，那个时候我们就不自由了。所以，在我们为人处世的过程中，有时候在别人面前故意的贬低自己，抓住对方的心病，有的放矢地替他排出顾虑，反而会让我们全身而退，从而有着更为宽广的选择空间。

学会隐藏自己的意图

只有设法躲开那些想阻拦你、扯你后腿的人，你的人生目标才能更快更好的实现。

钓过螃蟹的人或许都知道，篓子中放了一群螃蟹，不必盖上盖子，螃蟹是爬不出去的，因为只要有一只想往上爬，其他螃蟹便会纷纷攀附在它的身上，结果是把它拉下来，最后没有一只出得去。

动物界如此，人间又何尝不是呢？如果你下决心要做一件事，是不是要让别人知道呢？如果你不是未成年人，你也不是极贫极弱，千万不要。亲友要是知道了，会把他们的经验、想法甚至是想象的东西一股脑堆给你，让你无法分辨、无所适从。“小马过河”就是一个最贴切的例子。你的对手或者敌人要是知道了，更会千方百计地给你出难题设障碍，即使最终你的目的达到了，也是疲累欲死，满是伤痕。

所以说，人活着，学会隐藏自己的意图非常重要。一方面它可以使你始终保持清醒的头脑，避免自误；另一方面也可以借此迷惑你的对手和敌人，减少他扰，等到他们惊觉时，你早已是一骑绝尘，他们也只有望而兴叹的份了。

曾国藩练兵时，每天午饭后总是邀幕僚们下围棋。一天，忽然有一个人向他告密，说某统领要叛变了。告密人就是这个统领的部下。曾国藩大怒，立即命令手下将告密者杀了示众。一会儿，被告密要叛变的统领前来给曾国藩谢恩。曾国藩脸色一变，阴沉着脸，命令左右马上将统领捆绑拿下。

幕僚们都不知为什么，曾国藩笑着说：“这就不是你们所能明白的了。”说罢，命令把统领斩首了。他又对幕僚们说：“告密者说的是真实的，我如果不杀他，这位统领知道自己被告发了，势必立刻叛变，由于我杀了告密的人，就把统领骗来了。”

日本的前围棋高手高小秀格，曾以“流水不争先”为座右铭。他在和别人对弈时，常把阵式布置得如同缓缓的流水一样悠闲散漫，让对手掉以轻心，丝毫不加戒备。但一经发动自己的阵势却能在瞬间聚涌流水波澜中所蕴藏着的无限能量，使对手在惊慌失措中迅速被击溃，投子认输。

这种“明修栈道、暗度陈仓”的做法，无论是在战场、官场还是商海中，屡见不鲜，而且往往能够出奇制胜，收到奇效。

唐高宗时，吐蕃国势力日渐强大，引得西突厥归附。唐朝干预吐蕃国的吞并活动，结果导致双方的和亲关系破裂。唐朝声明对付吐蕃，并封西突厥酋长阿史那都支为左骁卫将军，让他与吐蕃脱离关系。

阿史那都支表面上臣服唐朝，但暗地里却仍与吐蕃联手，一起侵扰唐朝西境。

唐朝欲发兵征讨西突厥，吏部侍郎裴行俭启奏唐高宗说道：“现在吐蕃强盛，西突厥已表示与我朝修好，我们不便公开两面用兵。现在波斯王去世，其子泥涅斯作为人质还在我京师，不如遣使把泥涅斯送回国去继位，途经西突厥时趁机行事，或许可以不战而降西突厥。”唐高宗听后觉得有理，遂命裴行俭为使者，护送波斯王子回波斯继位，实际上则是要借机降服西突顾。阿史那都支也知道裴行俭一行的目的绝非这么简单，也派遣了不少刺探，以便不断向他报告裴行俭的一举一动。

公元679年盛夏，裴行俭到达西州，西州众官吏都出城迎接。裴行俭召集西州的豪杰子弟千余人跟随，四处扬言说天气实在太热，不想急急远行，等到天凉之后再启程西行。

阿史那都支本来担心裴行俭会趁势猛攻，如今听说裴行俭要留在西州，天凉时才会来西突厥，自然万分高兴，一下子放松下来，到处寻欢作乐，消磨难熬的酷暑，丝毫不加防范。

裴行俭又召集西州四镇的酋长，对他们说道：“以前我在西州时最喜欢打猎，现在正好闲着没事，我想重游旧日猎场，同时游遍各地，不知谁愿与我同行？”当地人本以游猎为生，一听此言，所有酋长子弟及下属，都欣然应声同行。裴行俭又说：“你们既愿与我同行，就应该听我约束。”众人自然又齐声应允。

于是裴行俭精选其中的万余人马，编成队伍以打猎为掩饰，暗中加以操练，待时机成熟，他便急令队伍抄小路向西快速行进，过不了几日便来到了阿史那都支的部落附近。在阿史那都支大帐10余里的时候，裴行俭派遣使者去向阿史那都支问候。"

阿史那都史见唐使突然来到自己的营帐，异常惊慌。后来见使者安详平和，也不指斥他与吐蕃暗地勾结串联之事，更没有要讨伐的意思，这才慢慢放下心来。本来阿史那都支已与部下商量清楚，从现在开始积蓄力量，单等秋凉时与唐军决一雌雄。如今唐兵冷不防地来到眼前，负隅顽抗无异于自取灭亡，而且从唐使的态度来看，唐朝似乎还不至于马上动手，干脆与之周旋，故意装出一副尊唐的样子，只率子弟亲信500余人前去拜访裴行俭。

裴行俭表面上表示欢迎，暗地里却早已设下埋伏，一等阿史那都支等人进入营帐，号令立下，伏兵从四处涌出，500余人被悉数拘禁起来。

裴行俭兵不血刃，擒获了西突厥的酋长，大功告成。然后令波斯王子自己回波斯去，留人护防安西都护府，修筑碎叶城，巩固边防。一切缮后的事完毕后，裴行俭自己押解俘虏东进，凯旋而归。

老百姓常说："不出声的猫逮大耗子。"确实，聪明的人做事总能在不经意间轻易取得成功。世事虽然难料，但真正的竞争之道应该是：以正和、以奇胜。

用装傻来保护自己

两害相权取其轻，危机时刻如果装装样子就可以免除祸害，其实也是需要大智慧才办得到。

“自污自毁、难得糊涂”，历来被推崇为高明的处世之道。在破局之时，很多时候需要你懂得装傻。当然你并非傻瓜，而是大智若愚。做人切忌恃才自傲，不知饶人。锋芒太露易遭嫉恨，更容易树敌。这对破局者来说是很忌讳的。

所以，对局之中的一个最重要的技巧就是适时“装傻”，装傻可以让你变得可爱，变得大受欢迎；装傻为人遮羞，自找台阶；可以故作不知达成幽默，反唇相讥；可以假痴装癫迷惑对手。你必须有好演技，才能演得可爱。自污自毁，还要恰到好处。谁不识破其中真相，谁就会被愚弄；谁能不领会大智若愚之神韵，谁就是真正的傻瓜、笨蛋。

战国末年，随着秦国军事力量的不断强大，所谓“战国七雄”的局面已经不复存在，秦国即将成为天下霸主。眼下，唯一尚可与秦抗衡一下的，也只有楚国了。为了消灭这最后一个强敌，秦始皇经过周密的战略部署，命令大将军王翦率领六十万大军，对楚国宣战。

这一仗至关重要，所以，秦始皇亲自将王翦送到霸上，对他千叮咛万嘱咐，希望王翦能旗开得胜，一举成功。王翦对这一仗十分有把握，他并不关心能不能打胜仗，而是十分在乎另一类问题，他对秦始皇说：“现在仗也打得差不多了，我请求大王能给我封赐良田美宅。”

秦始皇一听，感到王翦怎么在这节骨眼上提这个问题，忙安慰说：“将军去吧，你为什么要担心受贫穷呢？”

王翦说：“我做大王的将军，有功最后也不知道能不能封侯，所以，现在趁大王赏我酒饭为我壮行时，我请求大王能赏赐我良田美宅，以作为我子孙后代的家业。”

秦始皇听了后，不禁大笑起来，说：“我将很快满足将军的请求。眼下，你还是抓紧时间，带领队伍出发吧！”

听秦始皇这么一讲，王翦第二天就率着大军出发了。但他命令部队减速前进，途中，不断派使者回来向秦始皇打听有关封赏一事。待部队到了潼关，王翦已经是第五次派人到咸阳，请求秦始皇给他封赏良田美宅。秦始皇无奈，亲自写一信给王翦，答应等仗打完后，将某处封赏给王翦。王翦这才带着队伍继续向楚国挺进。

有人见王翦如此三番五次地向秦始皇邀功请赏，十分纳闷，王翦身边的一个部下对王翦说：“将军要求良田美宅，也未免太性急了吧！”

王翦说：“你等有所不知，秦王为人狡诈，且不信任别人。现在，他把全国的军队委任给我一个人，我不向他多多地要求封赏，他会以为我另有所图呢！到时候，说不定就会怀疑我，使我自己陷入危险的境地。”众将领都觉得王大将军讲得有道理。

这就是王翦的自污自毁。他这么做，是为了避免自己锋芒太露而带来的危险，使得自己可以平平稳稳地度过。

作为一个人，尤其是作为一个有才华的破局者。要做到不露锋芒，既有效地保护自我，又能充分发挥自己的才华，不仅要说服、战胜盲目骄傲自大的病态心理，凡事不要太张狂太咄咄逼人，更要养成谦虚让人的美德。所谓“花要半开，酒要半醉”，凡是鲜花盛开娇艳的时候，不是立即被人采摘而去，也就是衰败的开始。人生也是这样。当你志得意满时，且不可趾高气扬，目空一切，不可一世，这样你不被别人当靶子打才怪呢！所以，无论你有怎样出众的才智，但一定要谨记：不要把自己看得太了不起，不要把自己看得太重要，不要把自己看成是救国济民的圣人君子似的，甚至在有些时候，必要的自污自毁才是有效的生存与保护自我之道。

耐心等待时机的来临

没有耐心，有再好的枪法也成不了好猎人。

耐心是克敌制胜的有效武器。在政治斗争中，需要耐心地等待时机，在激烈的商战中，同样需要耐心地等待时机。而一旦时机成熟，就必须毫不迟疑地发展自己，把对手挤垮。

历代奸相中，大概没有谁比严嵩的影响更大了。在他当政20多年里，“无他才略，唯一意媚上窃权罔利”，“帝以刚，嵩以柔；帝以骄，嵩以谨；帝以英察，嵩以朴诚；帝以独断，嵩以孤立。”与昏庸的嘉靖帝“竟能鱼水”。

严嵩之所以当政长达20余年，与嘉靖帝的昏庸有着十分密切的关系。世宗即位时年仅15岁，是一个乳臭未干的孩子。加之不学无术，在位45年，竟有20多年住在西苑，从来不回宫处理朝政。正因为如此，才使得奸臣有机可乘。事实上，在任何一个国家的任何朝代，昏君之下必有奸臣，这已成了一条规律。

虽然严嵩入阁时已年过六十，老朽糊涂。但其子严世蕃却奸猾机灵。他晓畅时务，精通国典，颇能迎合皇帝。故当时有“大丞相、小丞相”之说。在严嵩当政的20多年里，朝中官员升迁贬谪，全凭贿赂多寡。所以很多忠臣都被严嵩父子加害致死。

为了反对严嵩弊政，不少爱国志士为此进行了前仆后继、不屈不挠的斗争，也有不少志士因此献出了生命。在对严嵩的斗争中，徐阶起到了决定性的作用。

徐阶在起初始终深藏不露，处理朝政既光明正大又善施权术。应该说，在官场角逐中既能韬光养晦，又会出奇制胜，是一位弹性很强的有谋略的政治家。他的圆滑被刚直的海瑞批评为“甘草国老”。虽然他“调事随和”，但仍与严嵩积怨日深。在形势对徐阶尚不利时，徐阶一方面对皇帝更加恭谨，“以冀上怜而宽之”；另一方面，对严嵩“阳柔附之，而阴倾之”，虽内藏仇恨，表面上却做出与严嵩“同心”之姿态。为了打消严嵩的猜忌，徐阶甚至不惜以其长子之女婚许于严世蕃之子。

时机终于来了。嘉靖四十年十一月二十五日夜，嘉靖皇帝居住近 20 年的西苑永寿宫付之一炬。大火过后，皇帝暂住潮湿的玉熙殿。工部尚书雷礼提出永寿宫“王气攸钟”，宜及时修复；而众公卿却主张迁回大内，这样既省钱又可恢复朝政。皇帝问严嵩的意见。严嵩提出皇帝应暂住南宫——这是明英宗被蒙古瓦敕部也先俘虏放回后景帝将其软禁的地方。嘉靖当然不愿意住在这样一个“不吉利”的地方。严嵩的这个建议导致他失宠于嘉靖皇帝并最终垮台的大错。

徐阶觅得这样一个千载难逢的好机会，当然不会轻易放过。所以他表现出十分忠诚的样子，提出尽快修复永寿宫，并拿出了具体规划。次年 3 月，工程如期竣工，皇帝喜不自禁，从此将宠爱转移到徐阶身上。

为达到置严嵩于死地的目的，徐阶还利用皇帝信奉道教的特点，设法表明罢黜严嵩是神仙玉帝的旨意。他把来自山东的道士蓝道行推荐入西苑，为皇帝预告吉凶祸福。不久，便借助伪造的乩语，使严嵩被罢官，严世番被斩。

所以说，有时候做事情切不可操之过急，要耐心地等待时机。时机到了，加上自己的努力，做好事情也就顺理成章了。

退步是为了更好地前进

从古到今，以退为进都是我们生存和求成功的有利战术。以退为进是一种弹性自救。

越王勾践，卧薪尝胆，养精蓄势，一举吞灭吴国；陶渊明退隐山林，才有了“采菊东篱下，悠然见南山”的佳篇；鲁迅弃医从文，磨砺笔锋，发出惊世骇俗的呐喊。

生活中不如意者十之八九，人的一生不可能一帆风顺，人生路上处处充满荆棘，遭遇挫折时与其万念俱灰，一蹶不振，不如退下阵来，转求其他，多一点弹性，让自己对生活充满信心。世界之大，总有我们的容身之处。

一个真正有能力的人是不会自吹自擂的，所谓“自谦则人必服，自夸则人必疑”就是这个道理。

低头其实只是适时地退却，为了进一尺有时候就必须先做出退一寸的忍让，适时的退是一种智慧。

有这样一则耐人寻味的故事：

一个青年向一个富翁请教成功之道。富翁拿了3块大小不等的西瓜放在青年面前：“如果每块西瓜代表一定程度的利益，你选哪块？”“当然是最大的那块！”青年毫不犹豫地回答。富翁笑了笑，说：“那好，请吧！”富翁把最大的那块西瓜递给青年，而自己吃起了最小的那块。很快富翁就吃完了，随后拿起桌上的最后一块西瓜得意地在青年眼前晃了晃，大口吃了起来。

青年马上就明白了富翁的意思：富翁吃的瓜虽然不比青年的瓜大，却比青年吃得多。如果每块代表一定程度的利益，那么富翁占的利益自然比青年多。

由此可见，得寸的目的并不仅仅是“寸”，而是更大的“尺”。

以退为进是一种追求成功的有利战术。一味埋头苦干，奋勇搏杀也许会陷入思维的陷阱，沉没在泥潭或者迷茫在浓雾中。还不如退出这样的惯性思维，另辟蹊径，也许就能看见成功的曙光！

退一步海阔天空。与朋友或其他人意见不合，发生冲突时，若争得面红耳赤，弄得两败俱伤，不如平心静气，好言商量，就算自己有理，也大可不必据理力争，退让并不代表懦弱，宽容别人，也是善待自己。明月推出与太阳争辉，才展现出它的恬静与温柔；枯叶蝶退去它华丽的外衣，才逃避了人类的追捕，得以生存；梅花退出与百花争艳的春天，才显示出它“凌寒独自开”的傲骨；人退出束缚自我的怪圈，我们的生命才会更加多姿多彩。

柳暗花明不是风光，而是一种境界，是路外之路。“进”与“退”的关系，其实是想当微妙的。繁星布满夜空，如果没有太阳的退避，怎会有星星像灿烂的花朵儿在空中绽放？这是“退”造就了“进”。春季是孕育生命得计界，各种花儿竞相开放，五彩斑斓。可是，没有一朵花儿长盛不衰，它们终会在冬天凋谢，难道是它们的退让结束了它们的辉煌？不是的，你看那枝头一颗颗饱满的种子，会在第二年春风吹拂的时候发出绿芽，会鲜花怒放，会变成一片花的海洋！这是以退为进，进而又退，如此互相扶持，最后烂漫辉煌。

大自然中“进”与“退”的关系如此微妙，我们人类何尝不是这样！先发制人，后发制己；以退为进，以攻为守。其实这说明了进与退是可以互相转化的。《三国演义》中火烧赤壁，周瑜先发制人，运兵神速，最后迎来了漫天的红火映成的胜利；诸葛亮平南时以退为进，进而攻之，最后七擒孟获，高唱凯歌而回。“退”可以造就“进”，“进”也可以使“退”升华。

时势不利时要以退为进

我们在谈到成功之道时，更多地强调要有一种勇往直前的精神，一种积极进取的精神。但是，有时候，一味地硬冲硬打未必是一种最好的方法，以退为进也是一种人生的策略。

的确，疾风知劲草，人须有傲骨，面对险恶的局势，人应当有一种宁为玉碎、不为瓦全的精神。这种不达目的誓不罢休的“视死如归”的精神，我们自应提倡，也是我们一直所倡导的一种精神。但是，客观世界是复杂多变的，就某个具体的事情来说，也有其“时”“势”的问题，在某些特定的时间里、环境下，采取以退为进的方法，也是一种积极的人生策略，而并非是消极退让。

美国前总统克林顿跟莱温斯基的那场“拉链门”风波仍在我们的记忆之中。我们可以想一想，当克林顿与莱温斯基的事情东窗事发，克林顿死不承认，采取死撑着的态度，这也是一种选择。当着全世界人的面，堂堂的美国总统承认自己的丑事，这是多让人难为情的事情啊！但克林顿聪明之处就在于，他采取了一种以退为进的策略，承认了自己的错误。这么做，其实是将包袱扔给了所有的美国人：我已经承认了我自己的错误，你们有权利让我下台，你们也有权利让我继续留在总统的位子上；对一个已经承认错误的人，你们就看着办吧！

同样是美国总统，当年肯尼迪在竞选美国参议员的时候，他的竞选对手在最关键的时候轻易地抓到了他的一个把柄：肯尼迪的学生时代，因为欺骗而被哈佛大学退学。这类事件在政治上的威力是巨大的，竞选对手只要充分利用这个证据，就可以使肯尼迪诚实、正直与道德的形象蒙上一层阴影，使他的政治前途黯然无光。一般人面对这类事情的反应不外是极力否认，澄清自己，但肯尼迪很爽快地承认了自己的确曾犯了一项很严重的错误，他说：“我对于自己曾经做过的事情感到很抱歉。我是错的。我没有什么可以辩驳的余地。”肯尼迪这么做，等于说“我已经放弃了所有的抵抗”，而对于一个已经放弃抵抗的人，你还要跟他没完没了吗？如果对手真的继续进攻了，就显得对手没有一点风度。所以，我们应记住一个基本原则：一个人既然已经承认错误了，那么你就不能再去攻击他，再去跟他计较。无论是克林顿还是肯尼迪，他们都没有因为有过劣迹而受到丝毫的伤害，相反的是，他们还都将它转变为了一个优点，这从肯尼迪后来当选总统和克林顿的事情完全在互联网上披露支持率反而上升就可以得到证实。他们承认自己有过错误，就已经体现出他们的人性化的一面：我们和平常人一样，也会犯错。同时，承认自己有罪，也会赢得人们的同情，而别人这时也乐得做顺水人情。

这是在被动的情况下以退为进的策略。在主动的情况下，由于彻底解决某个问题的时机没有完全成熟，也可以采用这种策略。

清朝康熙皇帝继位时年龄很小，功臣鳌拜掌握了朝中大权，并进而想谋取皇位。康熙十分清楚鳌拜的野心，但他觉得自己根基未稳，准备还不充分，于是索性不问政事，整天与一帮哥们儿“游戏”，以造成一种自己昏庸无知的假象。一次，康熙着便服同索额图一起去拜访鳌拜，鳌拜见皇帝突然来访，以为事情败露，伸手到炕上的被褥中摸出一把尖刀，被索额图一把抓住。直到这时，康熙仍装糊涂说：“这没什么，想我满人自古以来就有刀不离身的习惯，有何奇怪！”康熙此举让鳌拜对他彻底放松了戒备，最后康熙等时机成熟时一举将其擒获，可以说是放出长线钓上了大鱼。

政治斗争如此，商界如此，甚至，在我们平时的工作、做人的各方面都是如此。

有一年，在比利时某画廊发生了这样一件事：

美国画商看中了印度人带来的三幅画，标价为250美元，画商不愿出此价钱，于是唇枪舌剑，谁也不肯放松，谈判进入了僵局。那位印度人恼火了，怒气冲冲地当着美国人的面把其中一幅画烧了。美国人看到这么好的画烧了，当然感到十分可惜。他问印度人剩下的两幅画愿卖多少钱，回答还是250美元。美国画商见对方毫不松口，又拒绝了这个价格，这位印度人把心一横，又烧掉了其中一幅画。美国画商只好乞求他千万别再烧这最后一幅。当他再次询问这位印度人愿卖多少钱时，卖者说道：“最后一幅画能与三幅画是一样的价钱吗？”结果，这位印度人手中的最后一幅画竟以 600 美元的价格拍板成交。

当时，其他的画的价格都在 100 美元到 150 美元之间，而印度人这幅画却能卖得如此之高，原因何在？首先，他烧掉两幅画以吸引那位美国人，便是采用了“以退为进”的战略，因为他“有恃无恐”，他知道自己出售的三幅画都是出自名家之手。烧掉了两幅，剩下了最后一幅画，正是“物以稀为贵”。这位印度人还了解到这个美国人有个习惯，喜欢收藏古董名画，只要他爱上这幅画，是不肯轻易放弃的，宁肯出高价也要收买珍藏。聪明的印度人施展这招果然很灵，一笔成功的生意唾手而得。

在商谈中，卖方很想出售自己的商品，而买方则会提出种种借口，以图达到最高利益，此时，以退为进的战略便会大奏奇效。

当然，要想成功地采用“以退为进”的策略，必须有一定的后盾，把握好分寸。“不打无准备之仗”，心中没有十分的把握而轻易使用此计，难免弄巧成拙。如果那位印度人不了解美国人喜爱古董的习惯，不能肯定他一定会买下那最后一幅画而去烧掉前两幅，如果最后美国人没有买那幅画，印度人可就是“赔了夫人又折兵”，追悔莫及。

你退一步，按照你所掌握的对方的心理，对方愿意采取令你满意的行动，你的“以退为进”才能达到预期的目的。在与人交往的时候，为了达到某种目的，不妨让自己的头脑灵活些，欲擒故纵、以退为进都常常会取得出人意料的良好效果。

隐藏起自己的锋芒

锋芒是把双刃剑，既可伤人，又会伤己，有智慧的人知道什么时候应该显露锋芒，什么时候应该隐藏锋芒避免伤己。

锋芒本意是指刀剑的尖端，就像人们显露出来的才干。人若无锋芒，就像立不起的藤蔓，提不起的豆腐，在社会上是难以立足的。然而，锋芒又是把双刃剑，既可伤人，又会伤己，因此显露锋芒还应小心谨慎。低调的人很会把握崭露锋芒的度，知道适时的将锋芒隐藏起来，以免伤身。以此来看，藏锋之法也是人不得不懂的处世智慧。掌握藏身大法是为了求得很高的安全系数，古往今来，在无数个白天黑夜，在无数次黯然神伤的时候，有多少明白人都萌生退路，常有两种形式：一是有武功的退居江湖，二是有公职的选择看似合情合理的“退休”，都试图把自己藏起来，让别人不知去向。实际上，这不是高招，真正的高招是：位居前方，依然有藏身之术。这就要求做到“藏心”。曾国藩就是这样，尽管自己站在第一线，但始终能把一颗饱经风霜的心置放在安全袋里，做到“藏心即藏身”的秘诀，而藏心的秘诀在于“避免碰撞，绕道迂回”。

屈是为了伸，藏心本是蓄志。不屈不以伸展，不藏心志从何来？曾国藩的“藏心”表现在他与君与僚属的共事上，这种藏锋来自于他对中国传统文化的体认，来自一种儒释道文化的综合。

一般谈曾国藩的思想往往只谈他所受到的儒家文化的影响，作为一个对中国传统文化全面研究过的人，曾国藩对道家文化也情有所钟，尤其是在他晚年。他终身都喜读《老子》，对受道家文化影响很深的苏轼钦佩不已，而且周敦颐和朱熹也是儒道兼通的人物。在政治上，曾国藩是一个儒家；在军事上，曾国藩又是一个道家。

正因为他学养深厚，才能做到“凡规划天下事，久无不验”。他能总揽全局，抓住要害，表现出高超的战略水平，以至“天子亦屡诏公规划全势”（李鸿章语）。正因为他学养深厚，才能慧眼识英才，看得准识得透，大凡他所举荐的人，“皆能不负所知”，李鸿章对此格外佩服，称他“知人之鉴，并世无伦”。正因为他学养深厚，才能使他以文人身份站在行伍之间，在全军覆没之时，稳住军心，东山再起。

曾国藩认为，人单有志不行，还要修炼自己，蓄势而发。此间最重要的是戒傲气、少言实干。他在写给九弟的信中说：

自古以来讲凶德致败的道理大约有两条，一是长傲，二是多言。丹朱不肖，曰傲、曰嚣讼，就是多言。历代公卿，败家丧命，也多是因为这两条。我一生非常固执，很高傲，虽不多言，但笔下却近乎嚣讼。安静下来自我反省，我所以处处不顺，其根源也是这两条……我在军中多年，怎么会没有一点可取呢？就是因为“傲”字，百无一成。所以我谆谆教导各位兄弟引以为戒。

曾国藩藏锋的典型事例很多，同治三年天京攻破，红旗报捷，他让官文列于捷疏之首，即有谦让之意，尤其是裁撤湘军，留存淮军，意义极为明显。不裁湘军，恐权高震主，危及身家，如裁淮军，手中不操锋刃，则任人宰割，因此他叫李鸿章按淮军不动，从自己处开刀。

曾国藩到达天京以后，七月初四日“定议裁撤湘勇”，在七月初七的奏折中，向清朝廷表示，“臣统军太多，即拨裁撤三四万人，以节靡费”。从当时的材料来看，曾国藩裁撤湘军的表面原因是湘军已成“强弩之末，锐气全消”，而时人却认为这完全是借口，实为避锋芒。时人王定安就说过：“曾国藩廉退，以大功不易居，力言湘军暮气不可复用，主用淮军。以后倚淮军以平捻。然国藩之言，以避权势，保令名。其后左宗棠、刘锦棠平定关外回寇，威西域，席宝田征苗定黔中，王德榜与法朗西（法兰西）战越南，皆用湘军，暮气之说，庸足为定论乎？吾故日，国藩之暮气，谦也。”

当时曾国藩所统湘军约计十二万余人，但左系湘军进入浙江以后，已成独立状态，早在攻陷天京以前，江忠义、席保田两军一万人已调至江西，归沈葆桢统辖，鲍超、周宽世两军二万余人赴援江西以后，随即也成为沈葆桢的麾下人马，剩下的便只有曾国荃统率的五万人，而这些人也正是清政府最为担心的。于是曾国藩从这五万人开始进行裁撤。

曾国藩留张诗曰等一万余人防守江宁，十五万人由刘连捷、朱洪章、朱南桂率领，至皖南北作为巡防军队。裁撤了助功天京的萧庆衍部（李续宜旧部）近万人和韦俊的二千五百余人。但实际上，曾国荃的嫡系部队基本被保留下来。同治四年正月，又裁撤了八营。五月，曾国藩奉命北上山东剿捻，当时江宁未撤防军还有十六营八千人，但只有张诗曰一营愿随曾国藩北上，其余都不愿北上，于是曾国藩又裁撤了其余的七千五百人。之后，又陆续裁撤了刘连捷、朱洪章、朱南桂三军。此时，曾国藩能够调动的部队只剩下张诗曰一营和刘松山老湘营六千人。

在裁撤湘军的同时，他还奏请曾国荃因病开缺，回籍调养。此时，曾国荃在攻陷天京的所作所为，一时间成为众矢之的。同时，清政府对他也最为担心，唯恐他登高一呼，从者云集，所以既想让他早离军营而又不让其赴浙江巡抚任。无奈，曾国藩只好以其病情严重，开浙江巡抚缺，回乡调理。很快清政府便批准了曾国藩所奏，并赏给曾国荃人参六两，以示慰藉。而曾国荃却大惑不解，愤愤不平溢于言表，甚而在众人面前大放厥词以发泄其不平，致使曾国藩十分难堪。曾国藩回忆说：

三年秋，吾进此城行署之日，会弟甫解浙抚任，不平见于辞色。时会者盈庭，吾直无地置面目。

所以，曾国藩只好劝慰他，以开其心窍。

弟何必郁郁！从古有大劳者，不过本身一爵耳，吾弟于国事家事，可谓有志必成，有谋必就，何郁郁之有？

在曾国荃41岁生日那天，曾国藩还特意为他创作了七绝十二首以示祝寿。曾国藩的至诚话语，感动得曾国荃热泪盈眶，据说当读至“刮骨箭瘢天鉴否，可怜叔子独贤劳”时，竟然放声恸哭，以宣泄心中的抑郁之气。随后，曾国荃返回家乡，但怨气难消，以致大病一场。从此，辞谢一切所任，直至同治五年春，清政府命其任湖北巡抚，他才前往上任。

早在裁湘军前，曾国藩写信给李鸿章说：

惟湘勇强弩之末，锐气全消，力不足以制捻，将来戡定两淮，必须贵部淮勇任之。国藩早持此议，幸阁下为证成此言。兵端未息，自须培养朝气，涤涤暮气。淮勇气方强盛，必不宜裁，而湘勇则宜多裁速裁。

曾国藩书中之意极深，只有李鸿章才能理解他的苦衷：朝廷疑忌握兵权的湘淮将领，舆论推波助澜，欲杀之而后快，如湘淮并裁，断无还手之力，若留淮裁湘，则对清廷可能采取的“功高震主者杀”起到强大的牵制作用。李鸿章既窥见清廷的用心，又理解了曾国藩的真实意图，因而决定投双方之所好，坐收渔人之利。他深知在专制制度下“兵制尤关天下大计”，淮军兴衰关乎个人宦海浮沉。他致函曾国藩表示支持裁湘留淮的决策，说尸吾师暨鸿章当与兵事相终始，淮军“改隶别部，难收速效”，“唯师门若有征调，威信足以依恃，敬俟卓裁”。由于曾、李达成默契，所以裁湘留淮便成定局。

曾国藩藏锋的“龙蛇伸屈之道”，是一种自我保护，自我实现价值的生存之道。实际上藏锋露拙与锋芒毕露，是两种截然相反的处世方式。锋芒指人显露在外表的才干。有才干是事业成功的基础，在恰当的场合显露出来是十分必要的。但是带刺的玫瑰最容易伤人，也会刺伤自己。

露才一定要适时、适当。时时处处才华毕现只会招致嫉恨和打击，导致做人及事业的失败，适时地隐藏起自己的锋芒，保持低调才是智者的所作所为。

|第五章|

隐忍不发：耐心坚持的成事艺术

古语云："小不忍则乱大谋"，小事情面前不能忍让，便会败坏大事业。忍能使人免受外界袭扰，不夹在矛盾的风浪尖上，不陷入无聊的人事中，有充分的时间了解社会、感受职场，有饱满的精力思考人生，谋划事业。大智若愚者深知忍耐对于谋事成事的重要性，把"忍一时风平浪静，退一步海阔天空"作为处世的原则，不争眼前高低，不为小事生气，谦让优先，沉稳为上，在面对不利条件下能够做到坚忍不摧，以忍耐作为策略来实现自己的人生目标。

生存本领

人生需要沉稳和忍耐

人生需要沉稳与忍耐，爱因斯坦认为自己与普通人最大的区别，就是能够把散落在草垛里的针全部找出来，这是一种何等的耐性啊！

如果你几乎总是急躁不安，你也许是觉得自己太重要了，等待不了任何人或任何事。

你当然没有这么重要，我们谁也没有这么重要。如果我们能够接受这一点，即这个世界是供我们去体会的，而不是为我们提供方便的，我们就会过得更平和些，就会更耐心地对待生活中的变迁。

诚然，忍耐的人生有时不免要甘于寂寞，好在寂寞是生命的多数事实之一，是提升自己的源泉，而成功者正是在此种忍耐寂寞的跋涉中走出了平凡的世界，让自己最终接近于不平凡的世界。

正所谓“忍得过，看得破；提得起，放得下”。凡事“静观皆自得”，因为忍得一时之气海阔天空，既是海阔天空，就能从从容容，那么，又有什么事可以困得住自己呢？

忍耐也是一种修养。我们常说用人要德才兼备。所谓德才兼备，也包括了忍耐。有人说，有才必须忍耐，忍耐才能有德。这句话很有道理。

汉初名臣张良外出求学时曾遇到一件事。一天，他走到下邳桥上遇到一个老人，穿着粗布衣服，在那里坐着，见张良过来，故意将鞋子掉到桥下，冲着张良说：“小子，去给我把鞋捡上来！”张良听了一愣，本想发怒，因为看他是个老年人，就强忍着到桥下把鞋子捡了上来。

谁知老人反而得寸进尺，说：“给我把鞋穿上。”张良想，既然已经捡了鞋，好事做到底吧，就跪下来给老人穿鞋。

老人穿上后笑着离去了。一会儿又回来，对张良说：“你这个小伙子可以教导。”老人后来将《太公兵法》传授给张良，使张良最终成为一代良臣。

老人考察张良，就是看他有没有遇辱能忍、自我克制的修养，有了这种修养，“孺子可教也”，今后才能担当大任，才能处理复杂的人际关系和艰巨的事情，才能遇事冷静，知道祸福所在，不意气用事。

忍耐不仅是一种处世的策略，更是一种艺术。大忍者，大智也。忍耐能够达到貌似愚蠢的程度，是谓大智若愚。而最能忍耐、最有耐心的人，也是比较容易成功的人。

修炼自己的忍耐功夫

宋朝王安石曾说："忍一时之气，免百日之忧，一切诸烦恼，皆从不忍生。莫之大祸，起于斯须之不忍。"由此可见，忍的重要性极大。

人类社会发展到今天，已进入竞争的时代，就连小学生也懂得树立竞争意识，凡事当仁不让。何况作为一向以能忍而著称的中国人，刚刚迎来一个破除精神束缚，大胆解放思想的新时期，何以又搬出古老的"忍"经，弹奏起"不谐和音"？

不错，越是竞争的时代，这"忍"字经就越难念；但越是竞争的时代，"忍"字经越得念，而且还得常念，方能确保竞争状态始终旺盛不衰。今天，如果一个人只懂得竞争、进取、冲击，却不懂得忍耐、克制，甚至退让，那他就只能算一个没有头脑的"勇夫"。处在这个彰显自我的时代浪潮之中，人人都有一种强烈的紧迫感，危机感，拼搏、进取、竞争都是正常的。不堪寂寞、焦躁不安、跃跃欲试，成为一种传染病。于是，改行的、跳槽的，下海经商的，出国"洋插队"的，干什么的都有；人心思变，人心思动，人心思钱，大家都想趁此良机，干大事，挣大钱，成大器，重新显示自己的人生价值，寻找自己的社会位置。然而时代只提供了机遇，却无法保证每一个人都能获得成功，甚至一举成功。凡事均有长有短、有阴有阳、有圆有缺、有利有弊、有胜有败，何况人生，从生命的孕育期就充满了矛盾，遍布坎坷和曲折。要想经受人生的种种磨难和时代的考验，每一个人都应该具备承受挫折、失败和痛苦的心理素质，"忍"字经在这期间将是你胜不骄，败不馁，能进能退，能屈能伸的"良师益友"。

有时，我们之所以需要"忍"，倒不在于单单积蓄力量、掌握主动权。为了真正地在某一事件中弄清真相，了解实情，而不莽撞贸然地凭着一时的冲动和义气办事，也需要"忍"。记得有这样一位小伙子：干事的确有一股子闯劲，敢说敢做，而且，也敢于承担责任。然而，这样一种本来非常好的性格却被一些别有用心的人所利用。一次，他的一位同事在厂外与人打架，衣服撕破了，身上也打出了血。跑到车间上晚班时，简直就不像个样子。这位小伙子一见，也吃了一惊。这位同事本来吃了亏就心里不服气、想报复，捞回面子。见小伙子问起此事，便添油加醋地大大夸张了一番，并且还把这位小伙子也扯了进来，说是对方也要“治他”，叫他“别神气”。这位小伙子不听则罢，一听便火冒三丈，当即便抄起一根木棍，跑去找人算账。结果，不分青红皂白地将那人打了一顿。后来，他为此受到了十分严厉的批评，赔偿了对方的医疗费和营养费。事后，据调查，对方根本就未曾提起他。尽管两人彼此也认识，但与那位同事的打架仅仅是他们俩人之间的私事。这位小伙子懊恼不迭，直埋怨自己太冲动，头脑简单，以至犯下了大错。

显然，在自己受到攻击、侮辱、谩骂等之后，首先“忍”下来，认真地、仔细地了解事情的来龙去脉，然后再作判断，无疑是一种强者的风格和心态。真正有本事回击自己的对手，又何必一朝一夕呢？只有充分相信自己能力的人，才能够处变不惊。先“忍”住，把事情搞清楚，再做决断不迟。在实际生活中，我们经常遇到这一类事情。它可能是一种平白无故的批评，也可能是一种莫名其妙的指责；它可能来自于同事和朋友们的误解，也可能是出于某些不安好心的人的唆使和阴谋。在这种情况下，如果我们不明察事理，则很容易把事情弄坏。甚至把好事办成坏事。而“忍”则有助于我们推迟判断，获得时间和机会去把事情弄清楚。而一旦了解了事情的真相，掌握了充分的证据和理由，岂不是更有力量去应付人生的种种挑战，解决存在于生活中扑面而来的困难吗？这样的人难道不是强者吗？相反，毛草轻率，感情用事，必然会在无理的情况下落败而逃。尽管威武有力，又怎么能对付得了人世间的扑朔迷离，纷繁复杂呢？

具体到我们的日常生活和工作中，“忍”功的修炼可以从以下几点着手。

首先，吃亏而不慌。人们通常总是非常害怕吃亏，把这看成是一种人生的倒霉事。究竟什么是“吃亏”呢？究其根底，无非是个人的某些利益受到了损害。于是，一旦感到自己吃了亏，便慌张起来，赶紧采取一些什么补救措施，力求把受损的利益补回来。而这样一慌，便非常容易出乱，一出乱，灾难随之来矣。因此，“吃亏而不慌”，也是“忍”的一种常见的形式。

在这种形式中，非常重要的一个特点便是“不慌”。吃亏是经常的事，而且它本身也会有各种各样的形式。就一般人而言，吃了亏，心里总是不好受的，会自然而然地产生一种失落感，这是不奇怪的，在心里也不必一定要阿Q式地自我解脱。关键在于不能为此而慌张起来，急于要把损失夺回来、补上去。“忍”就是“忍”在这里。必须看到，自己吃了亏，实际上也是自己得了一个教训，学聪明了一些，为人生交了一次“学费”，以后，便可以在生活中更机警、更聪明一些。如果急于想要去做就事论事的补救，可能会略有微薄的效益，但却常常是丢了西瓜，捡了芝麻。

其实在生活中有很多事情自己认为是吃了亏了，但实际上并非如此。切不可事事过于功利。“塞翁失马，焉知非福”。多想一想，先别慌，“忍”下来，总归是有好处的。

其次，“上当”就“上当”。在日常生活中，通常把误信了某人的话、某件事、某个消息，而采取了错误的决策，做出了错误的判断，实施了错误的行动，而导致某种不利的结果，称之为“上当”。很多人一旦“上当”之后，往往恼羞成怒，一味地指责那些促成自己上当的当事者。这显然是不理智的。“上当”就“上当”，则是“忍”的又一种形式。既然已经上了当，又怎么办呢？你接受不接受这一事实都是同样的。会“忍”的人则往往采取某种比较机智的做法，既然已经上当了，就心平气和地认可它，并加以幽默地化解，用某种调侃般的语言进行自我解嘲。

在这种“忍”的形式中，“忍”这一思路是非常重要的。它表明了人们接受某种已经发生的客观事实的坦诚心态，有了这样一种心态。便很容易把这种上当的事看成不足挂齿的琐事，以至于将它作为一种笑料丰富自己的生活。很显然，在已经上当的情况下，你就是把有关的当事人大骂一通，对自己也无济于事。既然如此，又何必呢？

第三，容人之过。所谓“容过”，就是容许别人犯错误，也容许别人改正错误。不要因为某人一有某种过失，便看不起他，或一棍子打死，或从此以某种眼光去看待对方，“一过定终身”。这也是一种“忍”的形式。

孰人无过呢？谁都可能犯错误。这样一般而论，可能比较容易。而“容过”

讲的则是这样一种“过”，它给自己带来了一定的损害，或在某种程度上与自己有关。例如，自己的下属有了过错，自己的合作者有了过错，或者是自己的家人有了什么过错，等等。在这种情况下，能否有一种宽容的态度对待这种“过”，当然是衡量人的素质的一个标准。“容过?这种忍就是要压制或克服自己内心对于当事人的歧视，尽管自己心里并不痛快，感到懊丧，但却应该设身处地地为当事人着想，考虑一下自己如果在这种场合下会如何做，在做错了某事之后又有何想法，当然，这里需要“容”，需要“忍”的是对于当事人本人，而对于具体的事情本身则应该讲清楚，该批评的必须批评。

由此可见，“容过”这种“忍”的形式主要反映了人们的一种宽厚、宽恕的人格。很显然，能够“容过”的人，往往能够建立起和谐的人际关系，良好的群众基础?同时，也能够得到人们的赞许和认可。

第四，戒迁怒。有时，人们可能在某一特定场合中出于一定的原因暂时地“忍”下来了。可是，人们往往还是压不住心头之火。于是，便随意地找一个对象加以发泄。这便叫做“迁怒”。而“戒迁怒”也是“忍”的一种必要的形式。

能否真正做到“戒迁怒”，是衡量一个人是真“忍”，还是假“忍”的重要方式。有些人受了上司的批评，回来后对着自己的下属发脾气；有些人在工作中不顺、受了委屈、出了纰漏，便回家找自己的太太、孩子撒气。这样，无疑是缺乏修养的表现，而且是害人又害己。“戒迁怒”则正是要防止和杜绝这一类现象。曾经有人这样认为，有气憋在肚子里，对身心健康不利。此话当然是有道理的。有气可以向一些适当的对象排遣，但是，绝不能随便地发泄。从心理学上讲，这种迁怒的主要原因常常是由于一时自己心里拐不过弯来，又无法转移自己的内在注意力所致。“戒迁怒”便是希望人们在心里堵着一团火的时候，尽快地转移自己的注意力和兴奋点。这样，便可以通过其他的途径解脱自己。而且，更重要的是，当这样一种“气”使用在有价值的事情上时，或者说被用于某种有益的工作时，它往往会产生一种更好的效果。例如，某个人物在某件事情上受了委屈、窝了火。于是，回到家里，便拿起斧子，拼命地劈柴，一下子满院子的大木柴都给劈好了。这岂不是反而做了好事吗?这可能也就是人们通常所讲的那种“升华”吧！

不难知道，如果人们不能够真正地“忍”，而总是借迁怒去发泄自己的愤恨，反而会给人们带来一种对自己的蔑视，认为是没有本事，只能拿好欺负的人出气。而一旦做到这种“戒迁怒”，则反而会受到人们的尊敬，认为你是一位拿得起、放得下的好汉。而且，由此还可以获得人们的信任。

做到忍耐须目光远大

忍耐对于古人成就一番事业是一剂良药，良药虽苦，但是治标治本，总可以解决根本的问题。对于现代社会来说，忍耐则更像是一句忠言，仅凭忍耐不能让人走向成功，但是如果不懂得忍耐，面对理想与现实的强烈对比而失去了一颗平常心，那么第一个打败你的将是你自己。

伍奢和费无忌同是楚国太子建的老师，但费无忌对太子不忠，设计陷害太子建，伍奢替太子辩解，反而遭楚平王诟病，将伍奢打入天牢。费无忌为了陷伍奢于死地，又怕他的儿子们来报仇，因此对楚平王说："伍奢有两个儿子，这两个儿子都很贤明，如果现在杀了伍奢，他的两个儿子定会为他报仇，到时候对楚国一定是巨大的忧患。"

于是楚平王就召唤伍奢的两个儿子说："如果你们来自首，我就让你们的父亲活命，不来，我就杀掉你们的父亲。"

伍奢有两个儿子，大儿子叫伍尚，为人仁慈忠义，二儿子伍员，则是一个忍辱负重的人。伍尚要去，伍员阻止他说："楚王召唤我们并不是要放我们的父亲，而是怕杀死父亲后，我们会成为楚国的祸患，如果这个时候我们去了，最终的结果只能是父子三人一同被奸人所害，到时候我们都死了，谁还能替父亲报仇呢？"

伍尚却说："我知道去了也救不了父亲的命，但是如果不去，就会背上一个不孝的罪名，如果我现在不去，以后也不能为父亲报仇，那岂不是要遭天下人的讥笑吗？"

于是伍尚一个人去了楚国，伍员则逃走了，最终伍奢和伍尚都被楚王杀死了。伍员逃走后遭到追杀，他一路乞讨来到吴国，吴国阖闾知道他的贤能，于是重用了伍员，伍员便是伍子胥。伍子胥后来帮助吴王伐楚，最终报了杀父之仇。

伍尚为了不背上不孝之名，宁愿同父亲一起赴死，看似死得忠义伟大，但司马迁却将伍尚的为父牺牲形容为蝼蚁之死。而伍子胥的忍辱偷生，则被司马迁形容为大丈夫的作为。我想，这是因为伍尚虽然忠义孝顺，但这种行为未免目光短浅，白白浪费了自己的生命。相比之下，伍子胥却更懂得忍耐之道，君子报仇十年不晚，伍子胥只是暂时将杀父之仇掩藏起来。但是这种掩藏并不意味着忘记，如果伍子胥有一刻忘记了报仇的念头，恐怕在逃离楚国的过程中早就饿死路边，而不是沿街乞讨，饱受侮辱了。

只有胸怀大志者才持有积极的忍耐之心。西汉最具才能的将军韩信叱咤风云，击溃了不可一世的西楚霸王项羽。韩信年少时曾受过胯下之辱，并非他打不过别人，而是胸怀大志，认为与小人争斗，斗赢斗败都没有多大意义。

积极的忍耐品质是“宰相之胸”“大将风度”。其实积极忍耐者多是志大虑远之人，为防止微小事件干扰破坏宏图大业所采取的正确谋略，决非是胸无大志、目光短浅者所能做到的，不忍者多是无能无谋之辈。

在洛克菲勒创业之初，由于资金缺乏，他的合伙人克拉克先生邀请到加德纳先生入伙，对此洛克菲勒很是高兴，因为有了这位富人的加入，就意味着他们可以做他们想做、有能力做、只要有足够资金就能做成的事情。

然而，出乎意料的是，克拉克带来了一个钱包的同时，却送给了洛克菲勒一份屈辱，他们要把克拉克—洛克菲勒公司更名为克拉克—加德纳公司，而他们将洛克菲勒的姓氏从公司名称中抹去的理由是：加德纳出身名门，他的姓氏能吸引更多的客户。

洛克菲勒回忆自己当时的心情，说：“这是一个太刺伤我尊严的理由！我愤懑如此！我同样是合伙人，加德纳带来的只是他那一份资金而已，难道他出身贵族就可以剥夺我应得的名分吗？但是，我忍下了，我告诉自己：你要控制住你自己，你要保持心态平静，这只是开始，路还长着呢！”

洛克菲勒故作镇静，装作若无其事的样子告诉克拉克：“这没什么。”事实上，这完全是谎言。想想看，一个遭受不公平的待遇、自尊心正受到伤害的人，他怎么能有如此的宽容大度！但是，洛克菲勒用理性浇灭了自己心头燃烧着的熊熊怒火，因为他知道这样才会给他带来好处。

忍耐不是盲目的容忍，你需要冷静地考查情势，要知道你的决定是否会偏离或违背自己的目标。洛克菲勒知道：对克拉克大发雷霆不仅有失体面，更重要的是，这会给他们现在的合作制造裂痕，而团结则可以形成合力，让他们的事业越做越大，他的个人力量和利益必将随之壮大。

洛克菲勒知道自己的目标。在这之后他仍旧一如既往、不知疲倦地热情工作。到了第三个年头，他就成功地把那位极尽奢侈的加德纳先生请出了公司，将克拉克—洛克菲勒公司的牌子又重新竖立了起来！当地的人们开始尊称他为洛克菲勒先生，他已成为富人。

忍耐并非忍气吞声，也绝非卑躬屈膝，忍耐是一种策略，同时也是一种性格磨砺，它所孕育出的是好胜之心。

洛克菲勒回忆自己与克拉克的合作时说：

“我崇尚平等，厌恶居高临下发号施令。然而，克拉克在我面前却总要摆出趾高气扬的架势，这令我非常反感。他似乎从不把我放在眼里，把我视为目光短浅的小职员，甚至当面贬低我除了记账和管钱之外一无所能，没有他我更一文不值。这是公然的挑衅，我却装作充耳不闻，我知道自己尊重自己比什么都重要，但是，我在心里已经同他开战，我一遍一遍地叮嘱自己：超过他，你的强大是对他最好的羞辱，是打在他脸上最响亮的耳光。”

后来，洛克菲勒转身投资于石油业，克拉克—洛克菲勒公司永远成为了历史，取代它的是洛克菲勒—安德鲁斯公司，洛克菲勒从此搭上了成为亿万富翁的“特快列车”。

千万别为小事而抓狂

古人有云："千里之堤，溃于蚁穴。"生活中的小事也有如蚁穴，千万别为生活中的小事而抓狂，要尽早释怀，否则，生活便会一团糟。

有一个人夜里做了个梦，在梦中，他看到一位头戴白帽，脚穿白鞋，腰佩黑剑的壮士，向他大声叱责，并向他的脸上吐口水，吓得他立即从梦中惊醒过来。次日，他闷闷不乐地对朋友说："我自小到大从未受过别人的侮辱，但昨夜梦里却被人辱骂并吐了口水，我心有不甘，一定要找出这个人来，否则我将一死了之。"于是，他每天一早起来，便站在人潮往来熙攘的十字路口，寻找梦中的敌人。几星期过去了，他仍然找不到这个人。结果，他竟自刎而死。

看到这个故事，你也许会嘲笑主人公的愚蠢，做梦乃是一件极其稀疏平常的小事，做恶梦也是常有的事，怎么能为此而大动干戈呢？可生活就有许多人为小事抓狂，为一点小事而和别人闹翻脸，甚至大打出手，这样的例子每天在街上都能看到。

中国有句古话说："九层之台，起于垒土，千里之堤，毁于蚁穴。"有的时候，事情虽小，但杀伤力却很强，小则破坏人的好心情，大则可以让人前功尽弃，甚至送命。历史上有多少大风大浪都过来了，却在阴沟里翻船的例子啊？今天不也正在上演一幕幕这样的悲剧吗？

在科罗拉州长山的山坡上，躺着一棵大树的残躯。居当地人讲，它曾有400多年的历史。在它漫长的生命历程中，曾被闪电击中过14次，它都挺过来了，但在最后，它却在一小队甲虫的攻击下永远倒下了。那些甲虫从根部向里咬，一开始树还没有感觉，但却渐渐伤了树的元气。最后，这样一棵森林中的巨人，岁月不曾使它枯萎，闪电不曾将它击倒，狂风暴雨也没能把它摧毁，却栽倒在小小的甲虫手里。

生活中有多少这样的例子，能勇敢地面对生活中的艰难险阻，却被小事搞得灰头土脸，垂头丧气。家务事虽小，再大的清官却也断不清。其实并非清官无能，而正是他们的高明之处。亲人之间，为一点点小事而反目成仇，实在是不应该，为何要给他们分个一清二白呢？就让他们糊涂到底吧，这样反而比分清谁是谁非更好。

别为小事抓狂，对待一些委屈和难堪的遭遇，在内心转变成另一种心情，以健康积极的态度去化解这一切。如果能从中得着更大的益处，不也是另一种收获吗？这不是比到处记恨别人，处处结下冤家强吗？有一则小故事说，有一个人经过一棵椰子树，一只猴子从上面丢了一个椰子下来，打中他的头，这人摸了摸肿起来的头，然后把椰子捡起来，喝了椰子汁，吃了果肉，最后还用外壳做了个碗。

我们之所以对小事缺乏足够的承受能力，说明我们没有把精力放在更为重要的事情上，因此，面对生活中的烦恼，我们首先要问自己："这是我生活目标中至关重要的事情吗？为此花费时间与精力值得吗？"

忍辱负重方可谋大业

人生在世，任重而道远。这要求我们心胸宽广，意志坚强，并且能够忍辱负重，在各种不利情况下仍坚持自己的理想！

人活在世上，免不了有被人误解的时候。人和人消除误解的方式不同。有的人火冒三丈，非要找人弄个是非分明，水落石出。有的人淡而处之，让时间的流逝和事态的发展去洗掉层层尘埃，最后将事实自然澄清。三国时陆逊的弘毅与忍辱负重，就是后一种。

陆逊，字伯言，吴郡吴县（今属江苏省）人。为人忠厚，凡事都能容让别人，不计恩怨。

由于陆逊受到孙权的器重，有的人就爱在孙权那里告点状。会稽（今浙江省绍兴市）太守淳于式对陆逊不满，给孙权上书，指责陆逊在打仗过程中，向老百姓征收物资数量太多，给百姓造成困难和忧虑。

战事结束后，陆逊回到孙权身边。孙权将淳于式的指责转告给陆逊，陆逊没有说什么。孙权接着又问淳于式的为人和表现怎么样？陆逊极力称赞淳于式，说他是个很好的官吏。

孙权奇怪地问陆逊：“淳于式背后告你状，你却如此赞扬他，这是为什么啊？”

陆逊回答说：“淳于式告我的状，虽不完全符合事实，但他的出发点是好的，是为了维护老百姓的利益。因为他告了我的状，我就在您面前讲他的坏话，那我就不是一个正派的人了。”

孙权听了，很钦佩陆逊的为人，说：“你真是个忠厚的人，胸怀如此宽阔，一般的人是很难做到的啊！”

吴黄武元年（222 年），刘备领兵征讨吴国，孙权命令陆逊为大都督，指挥朱然、潘璋、宋谦、孙恒等 5 万大军抵抗刘备。陆逊当时统率的各部队的将领中，有的是孙策的老将，有的是皇亲贵戚，资历比陆逊老，地位比陆逊高，有些看不起陆逊。因此打起仗来，往往不听陆逊的指挥，各行其是。陆逊看到这种状态，很是着急。在一次战斗之前，陆逊又碰到难处，有几位老将军不服从军令，各持己见。陆逊没有办法，只好以手握剑，十分严厉地说："你们应该知道，刘备是闻名天下的英雄，连曹操都很怕他。现在刘备的军队已侵犯了我们的边境，大敌当前，我们应该团结一致、齐心协力，共同抵抗刘备。你们各位将军都是身负重任的人，而现在却互不协调，不听指挥，实在太不应该了。"

听陆逊说这番话，将领们才有所收敛。

陆逊接着又说："我是书生出身，资历威望都不如各位老将军。但我已受命指挥大军作战。国家给予我这样的重任，是相信我能不负重托、忍辱负重，团结大家完成使命。国家委屈各位将军，接受我的指挥，各人都应承担自己的责任，没有理由推辞。否则如何对得起国家的恩典呢？"

最后，陆逊严肃宣布："军令如山倒，有谁敢任意违抗，我只能依法惩处了。"

各位将领这才统一行动，不敢各行其是了。

陆逊在战争中出了很多计策谋略。他用火攻的办法烧了刘备的营寨，结果连破刘备四十多个军营，蜀军将士死伤数万人，把刘备打退到白帝城。

战争结束后，大家总结打胜仗的原因，很多成功的计谋都是陆逊策划的。那些老将们才真正口服心服了。从此陆逊的威信大大提高。

有一次，孙权问陆逊："在击退刘备的战役中，你遇到这样大的困难，当时你为什么不把将领不听指挥的情况报告我啊？"

陆逊回答说："各位将军都是国家的功臣，要依靠他们创建大业。您对我如此信任，交给我的重任和我的才能很不相称，但为了对国家有利，我能做到忍辱负重。从前蔺相如能容忍廉颇、寇恂能包涵贾覆的佳话，实在叫我钦佩。我和他们相比，还相差很远呢！"

孙权听了，连连称赞："说得好，做得对！"于是聘任他为辅国将军，封他为江陵侯。

忍辱负重与忍气吞声绝对不是一码事。忍气吞声者没有原则，无论事大事小，一概逆来顺受。忍气吞声者也无自信，不认为自己有能力改变现状。

忍辱负重者则不同。以陆逊为例，他之所以能忍受部将对他因误解而产生的不敬，是因为他身负抵御蜀汉大军的重任，他不能因小失大。同时他也坚信，随着最终打败蜀汉的进攻，一切误解也将烟消云散。陆逊在面临老将军们蔑视小看他、不听指挥的困难情况下，忠厚待人、忍辱负重，不以统帅自居，对各行其是的将领们晓之以理，动之以情，终于以超众才能和智慧战胜了刘备。这种为了大局委曲求全的处事态度也最终得到了别人的尊敬和信服。陆逊的弘毅与忍辱负重，是一种大将风度、大将胸怀、大将谋略！

以小忍成就大的事业

人生有很多事，需要忍；人生有很多话，需要忍；人生有很多气，需要忍；人生有很多苦，需要忍。忍是一种修养，忍是一种智慧，忍是一种成就未来大事业的谋略。

俗话说：人生之事，十之八九不如人意。怎样来处理人生之中这些不如意的事，往往构成了成功者与失败者的分界线。成功者，尤其是那些成就伟业的人，他们有着超强的耐力，能忍常人之能不忍，不让小事情来打断自己的整个计划，在忍耐中伺机寻找机会，使自己的目标得以实现。东汉开国皇帝刘秀与越王勾践的事例就很好地说明了这一点。

汉光武帝刘秀小时候，在家表现得十分勤快，尚干实事不尚虚夸，显得十分憨厚、平和。他虽想出人头地，但从来不露声色。为此，他的哥哥刘寅自比刘邦（少时是一个浪荡公子），把刘秀比作刘邦的二哥刘喜（目光短浅，胸无大志），很是瞧不起他，并常常以此嘲笑刘秀。刘秀去长安读书，当他读到《论语》中"子曰：'巧言乱德，小不忍则乱大谋'一句时，简直是手舞足蹈地说："说得太好了，太好了，真是一针见血！"从此，他便以这句至理名言规范自己的言行。

刘寅、刘秀兄弟二人发动青陵起义，结果皇帝却被刘玄当上，致使刘寅心中不快。刘玄也清楚刘寅性情蛮横，又野心勃勃，再加上以他为首的青陵兵在与王莽的军队作战中，节节胜利，战功卓著，无疑，这一切对自己的皇帝宝座是个巨大的威胁。所以，总想找个借口除掉刘寅。刘稷是刘寅的部将，听说刘玄当了皇帝，心中也十分不满，便大发牢骚说："今起兵图谋大事，全是刘寅的功劳，他刘玄算个什么东西，有什么资格配称皇帝？"刘玄听后，想收买刘稷，封他为抗威将军，刘稷拒不接受。刘玄要杀刘稷，遭到刘寅反对。刘玄一怒之下，便将刘寅、刘稷一起杀掉；尔后，为了斩草除根，便伺机将刘秀杀掉。

刘玄为找借口，便派人去对刘秀宣布诏书说："太常偏将军刘秀英勇善战，特封为破虏大将军，武信侯。”还没等刘秀谢恩，接着又宣布说：“大司徒刘寅，一向图谋不轨，常有抗帝之意，所以把他杀了。”以此来试探刘秀的反应，如稍有恨意，便就地将其正法。刘秀是何等聪明，对刘玄的这点用意怎能不知？小不忍则乱大谋。刘秀听完诏书后，极力克制住内心的杀兄之恨，慌忙磕头谢恩说：“陛下赏罚甚明。我建功微小，不值一提，皇上如此嘉奖，秀实在受之有愧。兄刘寅素有反意。我也常劝他野心必毙，但他就是不听，发展到今天刑及其身，实在是罪有应得。”刘秀一席话语，表现得十分真诚，不要说报信宣诏之人深信不疑，就连他的部下也都信以为真，无不为刘秀的大义灭亲之举感动得流下眼泪。宣旨人走后，刘秀回到帐内，关紧房门，便捶胸大哭，恨得咬牙切齿地说：“杀兄之仇不报，还配做人！”但在第二天，他又立即跑到刘玄住处，言必称陛下，口必言皇恩浩荡，绝不提昆阳大捷之功。既显得十分恭谨，又表现得粗犷大度，平时谈吐不透半点哀痛意，也不为刘寅服丧，饮食谈笑和平常一样。

刘秀“以小忍成大谋”的表演，终于使刘玄解除了猜忌，改变了对他的看法，以为刘秀真的忠于他。三个月以后，刘秀以破虏大将军行大司马事的身份被派往河北。从此，刘秀便摆脱了刘玄的监视和控制，迅速招兵买马，网罗人才，扩充实力。他在到任后不到一年的时间里，便发展到十余万人，有了一大批既能征惯战，又对其忠心耿耿的战将，使其很快具备了和刘玄抗衡的力量。之后便公开和刘玄分道扬镳了。

刘寅易于喜怒，专横跋扈，锋芒外露，成了刘玄的刀下之鬼。刘秀性格内向，事不外露，城府深沉，容忍一时而不乱大谋。当刘寅被杀的消息传来时，刘秀为避免过早与刘玄发生正面冲突，极力克制自己，立即从出征的战场赶来当面向刘玄谢罪：他对自己所立战功只字不提，而且深深引以自责，也不为其兄服丧，饮食言笑如同平常，毫无丧兄之痛的表示。这番成功的韬晦表演，终于使刘秀转危为安、逢凶化吉，不仅没有受到牵连，反而加官晋爵，为其以后建立东汉王朝保存了实力，最终成就了东汉王朝的一统大业。

事业的成功需要个人具备一些基本素质，而忍耐力是其中最重要的一种。这是因为大多时候人的一生不是充满着鲜花，而是铺满着荆棘，需要面对大量的困难和解决大量的问题，在这时候如果我们不能如履薄冰般地小心行事，而是不能容忍而得罪他人或者快意恩仇，就会使自己长期的艰苦奋斗毁为一旦，这不但是历史上无数人的失败史已经证明了的真理，也是我们今天要想成就事业必须遵循的准则！

忍耐是人生的一堂必修课

忍耐是人生的一堂必修课。无论何时何地，我们都可能遭遇它。忍字心上一把刀，忍耐的过程是漫长的，忍耐的感受是痛苦的，所以忍耐本身也是一件艰难的事情，但是如果经不住忍耐的考验，我们的人生将会是一片苍白和不堪一击。

山东张公五世同居，百忍家道兴。据说他发愿，在他的一生中，要行一百件大忍辱的事，忍过了九十九次之后，第一百次时是他的孙子娶妻那一天，突然来了个道人，要试验他是否真有忍辱功夫，便向他要这个新娘子，先于他做一夜夫妻，这一件事使张公很感为难，但他宽大一想，我什么侮辱事都忍受过了，这最后一次忍辱有什么不能呢？于是劝其孙儿，完成他的百忍大愿，忍辱一下。后来这位道人在新娘房中，跳个不休，嘴里不停地说："看得破，跳得过。"跳到天亮，忽然倒在地上死了，新娘骇叫起来，待众人来看时，已变成了一个金人，由此致富。故说张公百忍成金，山东那个地方，到现在还有一座巍峨的"百忍堂"纪念他忍辱的德行。

我们能用广阔的容量来对待人，再难处的人都可以相处。这也是培植自己的福报。有句话说"宰相肚里能撑船"，当宰相官虽然大，权虽然重，但是也要受得百官气。因为人家官虽然小，但有很多事情也可以给你出麻烦。所以各种各样的气都要受。因此才有这个比喻。这也说明量大福大。没有容人之量，就不可能有这样大的福报。家庭也好，社会也好，人际关系要和谐，就只有靠一个"忍"字，能互相忍让，关系就和谐了。国际关系也是如此。主持一个国家的人，能够克制、忍让，就可以化干戈为玉帛，避免战争的爆发。

忍让是做人的一种大智慧，有时忍让是为了改变不利的处境，赢得胜利的机遇，如果在不利的情况下不学会忍让，硬拼蛮干，就会把老本都输光，连扳本的机会都没有了。

西楚霸王项羽当年何等英雄，“力拔山兮气盖世”，当他兵败垓下的时候，汉兵追来，乌江亭长驾船前来接他，亭长说：“江东虽然狭小，地方也有千里，百姓几十万人，也足以称王了，希望大王赶快渡江！现在只有我有船，汉军来了也没有办法。”项羽笑着说：“老天要亡我，我还渡江干什么，即使江东父老可怜我，我又有什么脸面去见他们。”不肯上船，把自己的坐骑送给了亭长，自刎而死。

对于项羽自杀垓下的所为，后世见仁见智，莫衷一是，评说颇多。记得女诗人李清照写过一首诗：“生当为人杰，死亦为鬼雄。至今思项羽，不肯过江东。”赞扬项羽的傲然骨气跃然于纸上。而唐朝诗人杜牧写的《题乌江亭》则说：“胜败兵家事不期，包羞忍耻是男儿。江东子弟多才俊，卷土重来未可期。”贬抑项羽缺乏忍让智慧的行为尽在诗中。杜牧的意思是说项羽的逆商不够高，忍受羞耻的能力不够强，因此丧失了机遇。如果项羽乘船过了乌江，东山再起，卷土重来，中国的历史重写也不是没有可能。

忍耐并非贪生怕死，退后并非畏惧，而是不使冲突发生，也是在寻找更好的时机。如勾践为吴主打扫马房，不是且偷生、贪生怕死的行为，而是为了等待机会雪耻复国；韩信受胯下之辱，不是怕死、逞强，而是为了将来想创一番轰轰烈烈的事业。

困苦、伤痛、艰难、挫折、孤独、寂寞……几乎每一个人在人生的旅程中都经历过这样的磨难，当你不甘心命运的安排但又不能扼住命运的咽喉之时，你必须也只有学会忍耐。

唐朝人朱仁轨写了一首《诲子弟言》，其中有一句：“终身让路，不枉百步；终身让畔，不失一段。”意思是一辈子给别人让路，也不过多走几百步；一辈子给人让田界，也不会损失多少田地。朱仁轨教育弟子们要注重忍让。可见我国古代的贤者智士都非常崇尚忍让美德，他们关于忍让的论述可以作为我们的座右铭。

唐朝寒山与拾得曾有一段对话，原文是这样的：

寒山问拾得：世间有人谤我、欺我、辱我、笑我、轻我、贱我、骗我，如何处治乎？

拾得曰：只要忍他、让他、避他、由他、耐他、敬他、不要理他，再过几年你且看他。

这两位大师一定是世间的高人，洞察人世，看穿百态，面对欺辱处之泰然，可贵可敬。

一时不忍易酿成大错

忍耐就是克服自己急躁、鲁莽，克制冲动妄为的有效方法。它是缓压剂、减压器，可以培养人们沉着、冷静的优秀品质。

在法国发生了这样一则故事：

阿兰·马尔蒂是法国西南小城塔布的一名警察，一天晚上他身着便装来到市中心的一间烟草店门前，准备到店里买包香烟。这时店门外一个叫埃里克的流浪汉向他讨烟抽。马尔蒂说他正要去买烟。埃里克认为马尔蒂买了烟后会给他一支。

当马尔蒂出来时，喝了不少酒的流浪汉缠着他索要烟。马尔蒂不给，于是两人发生了口角。随着互相谩骂和嘲讽的升级，两人情绪逐渐激动。马尔蒂掏出了警官证和手铐，说："如果你不放老实点，我就给你一些颜色看。"埃里克反唇相讥："你这个混蛋警察，看你能把我怎么样?"在言语的刺激下，二人扭打成一团。旁边的人赶紧将两人分开，劝他们不要为一支香烟而发那么大火。

被劝开后的流浪汉骂骂咧咧地向附近一条小路走去，他边走边喊："臭警察，有本事你来抓我呀!"失去理智、愤怒不已的马尔蒂拔出枪，冲过去，朝埃里克连开四枪，埃里克倒在了血泊中……

法庭以"故意杀人罪"对马尔蒂做出判决，他将服刑30年。

一个人死了，一个人坐了牢，起因是一支香烟，罪魁是失控的激动情绪。

生活中我们常见到当事人因不能克制自己，而引发争吵、打架，甚至流血冲突的事情。有时仅仅是因为你踩了我的脚，一句话说得不恰当。在乘地铁时争抢座位，在公交车上挨了一下挤，都可能成为引爆一场口舌大战或拳脚演练的导火索。在社会治安案件中，相当多的案件都是由于当事人不能冷静地处理事情而发生的。

女人无力寻短见，男儿有气敢拼命。人都有忍耐性，而忍耐又都有限度。所以，在忍无可忍的时候，女人寻短见，男人就要拼命。所谓“拼一个够本，拼两个赚一个”。为国、为民，拼命也值得，但许多青年人却是为鸡毛蒜皮的小事而拼命，得不偿失。

人皆有七情六欲，遇到外界的不良刺激时，难免情绪激动、发火、愤怒，这是人的一种自我保护的本能和心理反应。但这种激动的情绪不可放纵，因为它可能使我们丧失冷静和理智，使我们不计后果地行事。因此，我们在遇到事情时，在面对人际矛盾时，要学会克制，学会忍耐，而不要像炮捻子，一点就着。

晋朝人王述，原来气量狭窄，心胸不开阔，为锻炼气度，每遇不顺心之事，就有意识地控制自己。有一次，一位同事跟他闹翻了，到王述的家恶言恶语骂声不断。王述就站在大门口听骂，面不改色心不跳，一动不动，直到那人走了，才回屋坐下。经过不断磨炼，王述终成为胸怀宽广之人。暴怒的性格一旦主宰了人，理智就会丧失，做事就会方寸大乱，焉能成功？纵观历史，一切暴怒之辈无不是从愚蠢举动开始，以懊恼结束。

如果你忍不住别人的刺激，快要如火山一样爆发的时候，就试试美国前总统杰弗逊所教的方法：“生气的时候，开口前先数到十，如果非常愤怒，先数到一百。”

也许当时忍耐的心情是痛苦的，但它结出的果实却是甜美的。这样的例子在生活中是随处可见的。例如在公共汽车上，因车行不稳相互踩脚的事时有发生，其实都是无意的，互相道个歉，赔个不是就过去了。但也有的小青年互相指责，互不服输，有的甚至大打出手，送掉了性命。为区区小事丢掉宝贵的生命是多么的不值得。通过此类事例我们就可能明白，积极的忍耐是生活中必须具备的素质，是千金难买的良好气质。

不去争眼前高低

俗话说："忍得一时忿，终生无烦恼。"在生活中，如遇到一些小矛盾，则应冷静思考，理性对待，切勿盲目冲动！

有一户人家非常好客，凡是有朋友来访，主人总是准备美味可口的饭菜，热忱地招待客人。直到喝得酩酊大醉，宾主尽欢才罢休。

一天，一位久未谋面的老友来访，主人喜出望外，热情地炊烧菜肴，忽然发现酱油没了，急忙叫小儿去买。"爸爸，你放心！一切都包在我身上！"小儿子拍拍胸脯走了。主人安心地折回厨房，二十分钟过去了，儿子还没有回来，他想，也许是杂货店的老板生意忙不过来也未必？再耐心地等一会就好了。但是一个小时，甚至是两个小时都过去了，儿子还是杳无踪影，客人饿得饥肠辘辘，主人也急得如同热锅上的蚂蚁，猜想儿子也许在路上出了意外。

最后，主人终于按捺不住了，夺门而去寻找儿子。他焦急地向街口奔跑而去，找了一遍没有，从另外一条路返回，却忽然发现儿子正站在一座桥的中央，和另外一个孩子青眼对着白眼，彼此对峙着，谁也不让谁，儿子的手中正拎着一瓶乌黑的酱油。主人十分生气，上去对着儿子就是一顿大喊："你还愣在这里干什么呢？知道不知道家里正等着你的酱油下锅啊？"儿子动也不动，嘴上说着："爸爸，我买好了酱油，正要赶回家，没想到在桥上碰到了这个人，挡住了我的去路。说什么都不让我过桥！"儿子的口气中虽有委屈，但更理直气壮。

主人似乎被激怒了，"喂！你这个小孩子，怎么如此不讲理呢？居然挡住我儿子的路！赶快让开啊！""奇怪了不是？不知道是谁挡住了谁的去路？你走你的阳关道，我过我的独木桥！咱们本来就该谁也不犯谁的！明明是你儿子挡住了我的路，我碍住你们什么了？"那个孩子也毫不示弱地抢白着。

气急败坏的主人居然指着对方的鼻子开骂："你这个小东西！一点也不知道尊老爱幼，礼貌谦让！儿子，酱油你先带回去，让爸爸我在桥上跟他对着站！"

说完，自己一个箭步冲上了桥面，一老一小正经八百地站在上面僵持起来。结果可想而知，客人感觉很不舒服，主人也感觉很不舒服。这是一场不愉快的见面，全因这桥上对峙的毫无意义。

媒体报道过这样一个案子：张某带着女朋友在酒店用餐，不小心踩了一旁的郑某，在道歉之后，郑某仍出言不逊，张某为了挽回面子，一个电话把朋友召来，狠狠地教训了郑某一顿。结果，张某因故意伤害被判处拘役三个月，而郑某在医院的病床上躺了半个月，两人都因此付出了惨重的代价。

生活中一些较大冲突的酿成，起因往往是当事人对一些小事互不相让，致使事态逐渐升级，走到不好收场的地步。其实，明智的人对生活中的小事、纠纷能够泰然处之。在发生冲突的时候，如果对方是不明真相，可以让时间去证明一切。如果对方是恶意侮辱，也应冷静对待，做到既不失原则，又不使矛盾激化。倘若采取走极端的解决方法，结果往往两败俱伤，得不偿失。

退一步海阔天空，这不是不要尊严，而是冷静、理智、心胸豁达的表现。来日方长，又何必去争眼前高低呢？

面对困难需要坚忍的精神

人生犹如大海波涛，有浮有沉，千万不要因为眼前的逆境而迷惑或灰心丧志，只要能够坚忍，终会有否极泰来、转祸为福的一天。

古罗马思想家朗加纳斯说："争夺光荣的桂冠是崇高的，也是最值得争夺的胜利，即使在竞赛中遭到挫败，也没有什么不光彩。"

每当遇到困难时，我们不一定会顺利地克服，但这个过程会让你在智慧上、经验上、心志上、胸怀上都有所增长，所谓"不经一事，不长一智"也！这对你日后面对困难有莫大的帮助，至少你学会了"不怕困难"，也习惯于"应付困难"。如果你顺利把困难克服了，那么在这过程中所累积的经验和信心将是你这一生当中最可贵的资产。

你是否曾逃避过困难？从今天起，坚强、勇敢地面对它吧！

如果你遭遇挫折，陷于无助状态，深感世态炎凉，这个时候，请你不要怨天尤人，因为那是无济于事的，只有勇敢面对现实，方能获得身心的安宁平静。

凡事只要选择正确的方法，下定决心认真去做，都有成功的可能。当然，也有人一无所获。但是，倘若一开始就畏缩不前，那根本就没有成功的希望可言。

人的智慧是有限的，因此"跌倒"在所难免，差别只在有人跌得轻，有人跌得重。有人头破血流不当一回事，有人稍微破皮就灰心丧志。

你跌倒了，如果你本来就是不怎么样的人，那么别人会因为你的跌倒而更加看轻你；如果你已有所成就，那么你的跌倒将是许多怀有嫉意的人眼中的"好戏"。所以，为了不让人看轻、保有你的尊严，你"一定"要爬起来！

"跌倒"并不代表永远不起，爬起来，才能继续和他人竞逐。躺在地上是不会有任何机会的，所以你"一定"要爬起来。

如果你因为跌重了而不想爬，那么不但没有人会来扶你，而且你还会成为人们唾弃的对象。但如果你忍着痛苦要爬起来，那么迟早会得到别人的协助。丧失

“爬起来”的意志的人，是得不到帮助的，因此，你“一定”要爬起来！

意志可以改变一切，跌倒之后忍着痛爬起来，这是对自己意志的磨练。有了如钢的意志，便不再惧怕下次“可能”还会跌倒了。因此，为了你往后漫长的人生道路，你“一定”要爬起来！

有时候人的跌倒，心理上的感受和实际上伤害的程度不一样。因此你“一定”要爬起来，这样你才会知道，事实上你可以应付这次跌倒。也就是说，你知道自己能力所在。如果自认起不来，那岂不浪费了大好才能？

总而言之，不管“跌倒”受的伤轻或重，只要你不愿爬起来，那么你就会丧失机会，被人看不起，这是人性的现实，没什么道理好说。所以说，跌倒了，“一定”要爬起来！就算爬起来又倒了下去，至少也是个勇者，而绝不会被人当成弱者。

从小娇生惯养、在温室中长大的人，往往禁不起小小挫折，而在社会上经过层层磨练的人，即使遇到逆境，也能坚强地迎向挑战，渡过难关。

人唯有与逆境对峙过后，才能深刻体会顺境的幸福与宝贵。因为自己周围有困难存在，才会鼓起勇气去解决。

|第六章|

大度宽容：赢得信任的攻心艺术

要想获取人心，拥有良好的人际关系，大度宽容是一个必不可少的法宝。大智若愚者都拥有大度宽容的胸襟，他们能对那些在意见、习惯和信仰方面与他不同的人表示友好和接纳，能够容忍别人的短处、缺点和所犯下的错误，做事总是能够给别人留有余地，从而在人际交往中游刃有余，能够赢得人心，获得他人的尊敬和信任，从而成就自己的事业。

生存本领

人生须学会宽容

宽容犹如春天，可使万物生长，成就一片阳春景象。宰相肚里能撑船，不计过失是宽容，不计前嫌是宽容，得失不久踞于心，亦是宽容。宽容可助你赢得下属的忠诚，保持其积极进取的心；可使你不受一时得失的影响，保持对事情正确的判断。

如果你想有所作为，想获得成功，那就要学会宽容，养成能够容忍谅解别人不同见解和错误的度量。

相传古代有位老禅师，一天晚上在禅院里散步，突见墙脚边有一张椅子，他一看便知有位出家人违犯寺规越墙出去溜达了。老禅师也不声张，走到墙边，移开椅子，就地而蹲。少顷，果真有一小和尚翻墙，黑暗中踩着老禅师的背脊跳进了院子。当他双脚着地时，才发觉刚才踏的不是椅子，而是自己的师傅。小和尚顿时惊慌失措，张口结舌。但出乎小和尚意料的是，师傅并没有厉声责备他，只是以平静的语调说："夜深天凉，快去多穿一件衣服。"

老禅师宽容了他的弟子。他知道，宽容是一种无声的教育。

宽容让你获得心灵的宁静，锱铢必较的人往往不能获得，而是失去更多。只有宽容的人才会积极乐观地对待生活，在面对困难或是遇到危险的时候，他们能够遇难不惊，头脑冷静，凡事都以大局为重。这样的人是值得我们学习和尊敬的。

做人一定要学会宽容，每个人都会犯错误，而且每天都在犯错误；每个人都不完美，而且每个方面都不完美。当遇到你无法容忍的情况时，马上默念这一段，时间一长，你就会用宽容之心理解别人、对待别人了。

约翰是一个室内装潢工厂的老板。有一次，生产线上有一个工人喝得酩酊大醉后来上班，吐得到处都是。厂里立刻发生了骚动：一个工人跑过去拿走他的酒瓶，领班又接着把他护送出去。

约翰在外面看到这个人昏昏沉沉地靠墙坐着，便把他扶进自己的汽车送他回家。他妻子吓坏了，约翰再三向她表示什么事都没有。“不！卡尔不知道，”她说，“老板不许工人在工作时喝醉酒。卡尔要失业了，你看我们怎么办？”约翰当时告诉她：“我就是老板，卡尔不会失业的。”

回到工厂，约翰就对卡尔那一组的工人说：“今天在这里发生的不愉快，你们要统统忘掉。卡尔明天回来，请你们好好对待他。长期以来他一直是个好工人，我们最好再给他一次机会！”

卡尔第二天果真上班了。他酗酒的坏习惯也从此改过来了。约翰的宽容使卡尔很感动，他一直记在心上。

一年后，地区性工会总部派人到约翰的工厂协商有关本地的各种合同时，居然提出一些令人惊讶、很不切实际的要求。这时，沉默寡言、脾气温和的卡尔立刻领头号召大家反对。他开始努力奔走，并提醒所有的同事说：“我们从约翰先生那里获得的待遇向来很公平，用不着那些外来‘和尚’告诉我们应该怎么做。”就这样，他们把那些外来的“和尚”打发走了，并且仍像往常一样和气地签订合同。约翰用宽容赢得了工人的拥戴，取得了事业的成功。

事实证明，事业越成功的人，也就越有宽容之心。

在全球最权威的商学院——哈佛大学商学院的必修课程中，有一部分专门研究非智力因素对一个人成功的影响。在这些非智力因素中，他们就极为突出宽容的价值，强调宽容是成功者的必备素质。假如你不相信这一点，不按“宽容”行事，那么，你就永远不可能成为一名真正的成功者。试想，如果你因别人的一点过错就心生怨恨，一直耿耿于怀，甚至想打击报复，整日沉湎于这样的琐事上，那么你还有精力发展自己的事业吗？

当遇到与你不一致的观点、做法时，首先你要想想别人合理的地方，为什么会这样想、这样做。然后，你再把你的做法与他们的做法作比较。你可以试着与不同背景、不同思想的人做朋友，多观察他们的做法，要善于采纳新的观点，这样你才能学会宽容。

如果你发现有些人实在令你难以忍受，比如你的同事，那你可以努力找出他的一些优点，然后，再见到他时，多想想他的这些优点。并且，在与别人的谈论中，你不要批评他的缺点，更不要作无谓的抱怨。

宽容是人生的一种智慧，是建立人与人之间良好关系的法宝。一个拥有宽容美德的人，能够对那些在意见、习惯和信仰方面与你不同的人表示友好和接受。宽容不仅对你的个人生活具有很大的价值，而且对你的事业有重要的推动意义。一个人经历一次宽容，就可能会打开一扇通向成功的大门。借助宽容的力量，你可以实现自己伟大的梦想，成就自己的事业。

做人要有大度风范

做人大度是一种风范，在本该惩罚别人的时候选择饶恕更是一种境界，因为他不但给了别人机会，也取得了别人的信任和尊敬。

生活中的我们总是善于接纳别人的优点和长处，对于别人的短处、缺点与错误，我们很少能够表现出耐性。

不能容人缺点，这是人类的一个弱点。古语说："金无足赤，人无完人"，我们应该有容人之短的气量。

春秋时期，楚庄王和群臣在宴席上共饮。席间丝竹声响，轻歌曼舞，美酒佳肴，觥筹交错，直到天色已晚仍未尽兴。楚王命令点烛夜宴，还特地叫自己的爱妃向文臣武将们敬酒。

忽然一阵风吹过，把蜡烛都吹灭了。一位官员以酒壮胆调戏了楚庄王的爱妃，妃子情急之中扯下了那人帽子上的缨带，并回到楚庄王面前告状，让楚王点亮蜡烛找出刚才对自己欲行不轨之人。

令人意外的是，他却并没有让人点燃蜡烛，而是大声说："今日设宴，诸位一定要尽欢畅饮。为了让大家更加尽兴，请诸位都把帽缨扔掉。"听楚庄王这样说，大家都把帽缨取下，这才点上蜡烛，君臣尽兴而散。

席散回宫，爱妃怪楚庄王不给她出气，楚庄王说："此次君臣宴饮，旨在狂欢尽兴，融洽君臣关系。酒后失态乃人之常情，若要究其责任，加以责罚，岂不大煞风景？"

七年后，楚庄王要讨伐郑国。一名战将主动率领部下先行开路，所到之处拼力死战，大败敌军，直杀到郑国国都。

战后楚庄王论功行赏，才知其名叫唐狡。他表示不要赏赐，并主动承认了七年前宴会上对楚王爱妃无礼之人就是他，今日之举就是为报楚庄王七年前不究之恩。

《菜根谭》中教人处世的智慧之一便是宽容他人，只有容人之短才能建立良好的人际关系，宽容他人的过错，就会赢得朋友，赢得他人的尊敬。“不责人小过，不发人隐私，不念人旧恶，三者可以养德，亦可以远害。”人无完人，即便是圣人也难免会犯错，何况凡人乎？所以当对方做错了一些小事，不必斤斤计较。动辄责骂训斥，只会把你们之间的关系弄僵。相反，要尽量宽待对方。

第一次世界大战时，有一个列兵，他大声喊叫：“消灭那个该死的对手。”可是他马上懊恼地发现自己所冒犯的人是潘兴上将。当这个列兵结结巴巴地道歉时，潘兴上将轻轻拍拍他的后背说道：“没关系，孩子。”

上将没有因为列兵的冒犯而大发雷霆，对他进行惩罚，而是原谅了他，他的大度让人佩服。像上将这样能容人之短的人还有很多，蔺相如位尊众臣之上，廉颇不服，屡次侮辱之，但他仍以国家利益为上，以社稷为重，处处忍让，是度量大也。三国时期的蒋琬，身为尚书令，找一个部下谈话，那人不理他，他不计较。有下属在背后说他的坏话，认为他办事不行，不如前人。有人向他告发，他也毫不介意，还说他说得对，我确实不如前人。像蔺相如和蒋琬这样的人，能够宽容别人，不计较个人恩怨，把主要精力放在事业上，最终取得了成功，也受到了人们的敬仰。

孔子曾经说：“水至清则无鱼，人至察则无徒。”意思是说：水太干净鱼儿不能生活，对人的要求太高就不会有朋友了。所以，做人要尽量能容人之短，只有这样，才能赢得他人的尊敬，赢得更多的朋友。

范仲淹曾任吏部员外郎，当时，宰相吕夷简执政，朝中的官员多出自他的门下。范仲淹上奏了一个《百官图》，按着次序指明那些被提拔的人与宰相的关系。并建议：任免近臣，凡超越常规的，不应该完全交给宰相去处理。这样做，吕夷简非常不高兴，便找了个机会把范仲淹贬为了饶州知州。

康定元年，西夏王李元昊率兵入侵，范仲淹被任命为陕西经略安抚副使，负责防御西夏军务。这时，仁宗下谕让范仲淹不要再纠缠和吕夷简过去不愉快的事。范仲淹回答说：“臣向论蠹国家事，于夷简无憾也。”他的意思是，我过去议论的都是关于国家的大事，对夷简本人并没有什么怨恨。吕夷简听说后，深感愧疚，连连说：“范公胸襟，胜我百倍！”

有些人心胸狭窄，总喜欢揪着别人的“小辫子”不放，得理就不让人，他们永远不会招人喜欢。美国众议院著名发言人萨姆·雷伯说：“如果你想与人融合相处，那就多多原谅别人的缺点吧。”你包容别人的缺点，别人才能同样对你。

古人云：冤冤相报何时了，得饶人处且饶人。这是一种宽恕，也是一种博大的胸怀。与人相处时，多看到对方的优点，尽量包容对方的缺点，才能够在人际交往中游刃有余，赢得人心。

拥有一颗宽容的爱心

宽容是一种艺术，宽容别人，不是懦弱，更不是无奈的举措。在短暂的生命中学会宽容别人，能使生活中平添许多快乐，使人生更有意义。

屠格涅夫说："不会宽容别人的人，是不配受到别人宽容的。"

法国19世纪的文学大师雨果曾说过这样的一句话："世界上最宽阔的是海洋，比海洋宽阔的是天空，比天空更宽阔的是人的胸怀。"

古希腊神话中有一位大英雄叫海格里斯。一天他走在坎坷不平的山路上，发现脚边有个袋子似的东西很碍脚，海格里斯踩了那东西一脚，谁知那东西不但没有被踩破，反而膨胀起来，加倍地扩大着。海格里斯恼羞成怒，操起一条碗口粗的木棒砸它，那东西竟然长大到把路堵死了。

正在这时，山中走出一位圣人，对海格里斯说："朋友，快别动它，忘了它，离它远去吧！它叫仇恨袋，你不犯它，它便小如当初，你侵犯它，它就会膨胀起来，挡住你的路，与你敌对到底！"

生活中难免与别人产生误会、磨擦。如果不注意，在我们轻动仇恨之时，仇恨袋便会悄悄成长，最终会导致成功之路堵塞。所以我们一定要记着在自己的仇恨袋里装满宽容，那样我们就会少一份烦恼，多一份机遇。

学会宽容，对于化解矛盾，赢得友谊，乃至事业的成功都是必要的。因此，在日常生活中，无论对同事、顾客、子女、配偶等都要有一颗宽容的爱心。

宽容是一门交往的艺术。它可以润滑彼此间的关系，消除彼此间的隔阂，扫清彼此间的顾忌，增进彼此间的了解。宽容能打开两颗相对封闭的心灵，像一种明澈而柔润的调剂，使之相融相知。"大度能容，容天下难容之事"，懂得宽容的人生是美丽的。

水至清则无鱼，人至察则无徒。用宽容来安慰别人因失误而愧痛的心，让别人心存感激，是最容易得到别人的信任和尊重的。宽容是安慰剂，如一江春水，抒写着温馨闲适与融洽，让人在柔和舒适间倍感亲切，教人在壮美和激情中意气风发。世间因为有了宽容而爱意浓浓，美丽祥和。当我们深陷苦闷，孤独难捱，山重水复之时，突然获得别人的理解与鼓舞，谁不会因之心潮澎湃，热泪盈眶，感激之情溢于言表呢？

拿破仑在长期的军旅生涯中养成宽容他人的美德。作为全军统帅，批评士兵的事经常发生，但每次他都不是盛气凌人的，他能很好地照顾士兵的情绪。士兵往往对他的批评欣然接受，而且充满了对他的热爱与感激之情，这大大增强了他的军队的战斗力和凝聚力，成为欧洲大陆一支劲旅。

在征服意大利的一次战斗中，士兵们都很辛苦。拿破仑夜间巡岗查哨。在巡岗过程中，他发现一名巡岗士兵倚着大树睡着了。他没有喊醒士兵，而是拿起枪替他站起了岗，大约过了半个小时，哨兵从沉睡中醒来，他认出了自己的最高统帅，十分惶恐。

拿破仑却不恼怒，他和蔼地对他说："朋友，这是你的枪，你们艰苦作战，又走了那么长的路，你打瞌睡是可以谅解和宽容的，但是目前，一时的疏忽就可能断送全军。我正好不困，就替你站了一会，下次一定小心。"

拿破仑没有破口大骂，没有大声训斥士兵，没有摆出元帅的架子，而是语重心长、和风细雨地批评士兵的错误。有这样大度的元帅，士兵怎能不英勇作战呢？如果拿破仑不宽容士兵，那后果只能是增加士兵的反抗意识，丧失了他本人在士兵中的威信，削弱了军队的战斗力。

人们交往贵在与人为善宽以待人，尽可能向他人提供方便，尽量给予他人帮助。可以说，宽容是一个道德水平较高的表现，所谓"有容，德乃大"。你希望别人善待自己，就要善待别人，要将心比心，多给人一些关怀，尊重和理解；对别人的缺点要善意指出，不能幸灾乐祸；对别人的危难应尽力相助，不应袖手旁观，落井下石。即使是自己人生得意，也不能得意忘形，居功自傲，而是应多想想别人对自己的帮助，让三分功给别人。人总是喜欢和宽容厚道的人交朋友的，正所谓"宽则得众"。

宽容还要求我们"已欲立而立人，已欲达而达人"，自己要站得住，同时也使别人站得住，自己要事事行得通，同时也使别人事事行得通，"君子成人之美，不成人之恶，小人反是。”在一定意义上，成人之美就是成己之美，即使对有错误的人也不要嫌弃，应给人提供改过的宽松条件，原谅别人的过失，帮助别人改正错误。正所谓与人方便，己也方便。

在生活中学会宽容，你便能明白以下道理。

宽容就是洞察。世界由矛盾组成，任何人或事情不会尽善尽美。无论是“患难之交”“亲朋好友”，还是“金玉良缘”“模范丈夫”，都是相对而言。他们的矛盾，苦恼常被掩饰在成功的光环下，而掩盖的工具恰恰是宽容。不必羡慕人家，不要苛求自己，常用宽容的眼光看世界，事业、家庭和友谊才能稳固和长久。

宽容就是忍耐。同事的批评，朋友的误解，过多的争辩和“反击”实不可取，惟有冷静、忍耐、谅解最重要。立下愚公移山之志，坚持以德报人，以理服人，以情感人。相信这句名言：“宽容是在荆棘丛中长出来的谷粒。”能退一步，天地自然宽。

宽容就是忘却。人人都有痛苦，都有伤疤，动辄去揭，变添新创，旧痕新伤难愈合。忘记昨日的是非，忘记爱人曾经有过的一段浪漫，忘记别人先前对自己的指责和谩骂，时间是良好的止痛剂。放眼明日，来日方长，学会忘却，生活才有阳光，才有欢乐。

宽容就是潇洒。处处绿杨堪系马，家家有路到长安。宽厚待人，容纳非议，乃事业成功、家庭幸福美满之道。一切狗苟蝇营、芥蒂块垒，在宽容的阳光下，将灰飞烟灭、冰释雪化。事事斤斤计较、患得患失，活得也累，难得人世走一遭，潇洒最重要。

那么，容人究竟应当容些什么呢？

容人之长。人各有所长。取人之长补己之短，才能互相促进，事业才能发展。刘邦在总结自己成功经验时的那段话很发人深省：“夫运筹于帷幄之中，决胜于千里之外，吾不如子房；镇国家，抚百姓，给饷馈，不绝粮道，吾不如萧何；连百万之众，战必胜，攻必取，吾不如韩信。此三者，皆人杰也，吾能用之，所以取天下也！”善于用人之长，首先是能容人之长。嫉妒别人的长处，生怕同事和部属超过自己而想方设法压抑的做法，是很愚蠢的。

容人之短。人无完人，金无足赤。人的短处是客观存在的，容不得别人的短处势必难以共事。“鲍管分金”的故事就很耐人寻味。春秋时期，鲍叔牙与管仲合伙做生意，鲍叔牙本钱出得多，管仲出得少，但在分配利润时管仲却总是多要。鲍叔牙并没有觉得管仲自私，而是认为管仲家里穷，多得点没关系。后来鲍叔牙还把管仲推荐给齐桓公做了大夫。如果鲍叔牙容不得管仲的缺点，管仲的才华可能被淹没。

容人之过。“人非圣贤，孰能无过。”历史上凡是有作为的伟人，多数都能容人之过。

容人之个性。由于人们的家庭出身、社会经历、文化程度不同，性格必有差异。因此，容人从根本上来说，就是要能够接纳各种不同性格、具有不同个性的人。如果只喜欢与自己性格相近的人，那么我们的朋友少之有少。

容己之仇。这是容人的极致，是一种高尚的品德。齐桓公不计管仲一箭之仇、祁黄羊“外举不避仇”等，向来为人们所津津乐道。

宽宏大量可化敌为友

宽容是解除疙瘩的最佳良药，宽广胸襟是交友的上乘之道，宽容能使你赢得朋友友谊。

自古，学者都讲究养学、养气、养德、养心、养量。为人处世，首先要做到宽宏大量、心怀坦荡，能宽容他人，这也要求人与人之间做到互谅、互让、互敬、互爱。互谅就是彼此谅解，发生争执时多替对方考虑，而不过多计较个人得失。人都是有感情和尊严的，既需要他人的体谅，又有义务体谅他人。有了互相之间的体谅，就能使彼此心平气和，在任何情况下，都能保持平静的心境，冷静地分析、处理事情。

人们说："人情反复，世路崎岖。行去不处，须知退一步之法；行得去处，务加让三分之功。"这样做，既是为他人着想，又能为自己留条后路，看似糊涂，实是大精明。

1754 年，弗吉尼亚殖民地议会选举在亚历山大里亚举行。乔治·华盛顿上校作为这里的驻军长官参加了选举活动。选举结果有两个人得票最多，其中一个是乔治·华盛顿推荐的，且大多数人都支持华盛顿推荐的候选人。但有一个叫威廉·宾的人则坚决反对，为此，他还同华盛顿发生了激烈的争吵。争吵中，华盛顿失言说了一句冒犯他的话，这无异于火上浇油。威廉·宾闻言怒不可遏，一拳就把华盛顿打倒在地。

拥护华盛顿的人以及华盛顿的朋友们见状围了上来，高声叫喊着要教训威廉·宾。驻守在亚历山大里亚的华盛顿部下听说自己的司令官被辱，马上带枪冲了过来，一时剑拔弩张，气氛十分紧张。

此时，只要华盛顿一声令下，威廉·宾就会被愤怒的士兵当场打死。然而，华盛顿却相当冷静，他只淡淡地说了一句："这不关你们的事。"就这样，事态才没有恶化。

第二天，华盛顿给威廉·宾写了一封短信，要他立即到当地的一家小酒店去。威廉·宾以为这一定是华盛顿约他决斗，于是毫不畏惧地拿了一把手枪，只身前往。

一路上，威廉·宾都在想如何对付身为上校的华盛顿，但当他到达那家小酒店时却大吃一惊，他见到了华盛顿的一张真诚的笑脸和一桌丰盛的酒菜。

“宾先生，”华盛顿热情地说，“犯错误乃是人之常情，纠正错误则是件光荣的事。我相信昨天我是不对的，你在某种程度上也得到了满足。如果你认为到此可以和解的话，那么请握住我的手，让我们交个朋友吧。”

威廉·宾被华盛顿的宽容感动了，忙把手伸向华盛顿，说：“华盛顿先生，也请你原谅我昨天的鲁莽与无礼。”从此以后，威廉·宾成为华盛顿坚决的拥护者。

能否做到宽宏大量关键靠三点：一是平等的待人态度，不自认为高人一等，保持一颗平常心，平视他人，尊重他人；二是有宽广的胸襟，心胸坦荡，虚怀若谷，闻过则喜，有错就改；三是有宽容的美德，能够以仁厚待人，能够容他人之过，而不是斤斤计较、睚眦必报。由此看来，在雅量的背后，实际上反映的是一个人的素养和品行。

容过让人际关系更和谐

能够“容过”的人，往往能够建立起和谐的人际关系和良好的群众基础。同时，也能够得到人们的赞赏和认可。

有一句英国谚语是这样说的：“如果只想幸福一天，最好上理发店；如果只想幸福一周，就去结婚；如果只想幸福一个月，可以去买一匹马；如果只想幸福一年，那就盖一栋新房；如果想获得终生的幸福，就必须当一个充满爱心的人。”

只有充满爱心的人，才能以温柔对待倔强，用宽容包容苛刻，用热情融化冷酷。游弋于爱的空间，人与人之间便没有了仇恨、欺骗和谎言，这种人生的境界或许正是现代社会所缺乏的，同时也是人们所向往的。

冷酷和苛刻是长在心灵果园中的毒草，只有仁爱之心才是真正的除草剂。容人之过，就是仁爱之心的一种体现。

所谓“容过”，就是容许别人犯过失，也容许别人改正错误。不要因为某人一有某种过失，便忽视他，或一棍子打死，或从此以某种眼光去看待对方，“一过定终身”。这也是一种“忍”的形式。

孰人无过呢？谁都可能犯过失。这样说，可能大家理解起来比较容易。但“容过”讲的则是这样一种“过”，它给自己带来了一定的损失，或在某种程度上与自己有关。例如，自己的下属有了过错，自己的合作者有了过错，或者是自己的家人有了什么过错，等等。在这种情形下，能否用一种宽容的态度对待这种“过”，是衡量人的素质的一个方面。

古时有一位官员，家里珍藏着一对稀世玉杯。这对玉杯晶莹剔透，无瑕无疵，没有一丝杂色。官员将它们视为传家之宝，异常珍爱，轻易不肯示人，只在重要聚会时才拿出来，专设一桌，铺上锦缎，将玉杯放在上面使用。

有一次，官员宴请一些下级同僚。喝到酒酣耳热之际，大家的举止不免变得粗犷起来。一位同僚在劝酒时，失手将玉杯碰落在地，这对宝贝顿时化做满地碎片。在座的人都惊呆了，那个冒失鬼更是吓得跪在地上，请求治罪。

这位官员神色不动，毫无惋惜之意，好像刚才摔碎的不过是一只原本想要扔掉的破饭碗。他笑着对宾客们说："大凡宝物，是成是毁，都有定数，该有时它就来了，该失去时，谁也保不住。你偶然失手，又不是故意的，有什么罪呢？"

事后，朝中上下无不称道这位官员气度不凡，有宰相之量。后来，他果然成为宰相。他就是与范仲淹齐名的北宋名相韩琦。

"容过"，就是要压制或克服自己内心对于当事人的歧视，尽管自己心里并不快乐，感到懊丧，但却应该设身处地地为当事人着想，想一下自己如果在这种场合下会如何做，在做错了某事之后又有何种想法。当然，这里需要"容"、需要"忍"的是对于当事人本人，而对于具体的事情本身则应该讲明白，该批评的必须批评。

伟人表现其伟大的方式，是在于他们对小人物的宽容与体谅。在很多伟大人物身上都会有宽容的美德，这种美德是他们能够被人尊敬的原因之一。

在人的性格中，宽容与否是你自己最能明显感受到的，因此也最容易加以改进。在生活中利用宽容可以减少很多人与人之间的隔阂，可以让大家更好地沟通，彼此多一些体贴和关怀。同时，宽容也可以解决许多棘手的问题，让那些生活中的问题迎刃而解。

沙皇亚历山大常常到俄国四处巡访。一天，他来到一家乡镇小客栈，为进一步了解民情，他决定徒步旅行。当他穿着没有任何军衔标志的平纹布衣走到一个三岔路口时，记不清回客栈的路了。

亚历山大无意中看见有个军人站在一家旅馆门口，于是他走上去问道："朋友，你能告诉我去客栈的路吗？"

那军人叼着一只大烟斗，头一扭，高傲地把这身着平纹布衣的旅行者上下打量一番，傲慢地答道："朝右走！"

"谢谢！"大帝又问道，"请问离客栈还有多远！"

"一英里。"那军人生硬地说，并瞥了陌生人一眼。

大帝抽身道别刚走出几步又停住了，回来微笑着说："请原谅，我可以再问你一个问题吗？如果你允许我问的话，请问你的军衔是什么？"

军人猛吸了一口烟说："猜嘛。"

大帝风趣地说："中尉？"

那烟鬼的嘴唇动了下，意思是说不止中尉。

“上尉?”

烟鬼摆出一副很了不起的样子说:“还要高些。”

“那么,你是少校?”

“是的!”他高傲地回答。于是,大帝敬佩地向他敬了礼。

少校转过身来摆出对下级说话的高贵神气,问道:“假如你不介意,请问你是什么官?”

大帝乐呵呵地回答:“你猜!”

“中尉!”

大帝摇头说:“不是。”

“上尉!”

“也不是!”

少校走近仔细看了看说:“那么你也是少校!”

大帝镇静地说:“继续猜!”

少校取下烟斗,那副高贵的神气一下子消失了。他用十分尊敬的语气低声说:“那么,你是部长或将军!”

“快猜着了。”大帝说。

“殿……殿下是陆军元帅吗!”少校结结巴巴地说。

大帝说:“我的少校,再猜一次吧!”

“皇帝陛下!”少校的烟斗从手中一下掉到了地上,猛地跪在大帝面前,忙不迭地喊道:“陛下,饶恕我!陛下,饶恕我!”

“饶恕你什么?朋友。”大帝笑着说,“你没伤害我,我向你问路,你告诉了我,我还应该谢谢你呢!”

容过不仅是爱心的体现,更是一种必不可少的做人品质。只有这样的人,才会得到别人的赞赏;只有这样的人,才会创造和谐的人际关系。

器量大者方能成大事

一个具备宽宥能力的人，也必然具有大胸襟、大器量，这样的人才更容易得到别人帮助，才更容易成功。

人的器量有大有小，有智有愚，命运也千差万别。比如家庭富裕的人，器量大就添财进福，器量小就招灾惹祸；地位高贵的人，器量大就受人拥戴，器量小就众叛亲离；聪明的人，器量大就事业有成，器量小就惹祸上身；愚蠢的人，器量大就身心安泰，器量小就祸在眉睫……

可以说，有器量就是智慧的一种表现。感情用事，常常是不会有好结果的。器量大一点，做一些合理的、适当的，理智的让步，必将有助于矛盾的消除和事情的解决。

十六国时期，前秦苻坚手下的重臣王猛曾率大军前去与前燕作战。开战前，徐成违背了军令，依法当斩。因徐成是邓羌的部下，所以邓羌出来说情，遭到王猛拒绝。邓羌一气之下反目为仇，要兴兵谋反，杀掉王猛。王猛问他为什么要谋反，邓羌说："我们一起出来与前燕作战，有人在内部自相残杀，所以我要除掉这个奸贼。"王猛考虑到大敌当前，以大局为重，便容忍了邓羌这种犯上作乱的行为。不仅赦免了徐成，而且为了团结邓羌，还故意说了些恭维他的话："我并非真的要杀徐成，只是试试将军。将军对自己的部下如此讲义气，何况对国家呢！这样，我就不怕前燕的军队了。"

其后，战争进行到白热化的阶段，王猛要调动邓羌的军队前去应敌。在这关键时刻，邓羌却向他提出打败燕军后要让他出任司隶校尉的无理要求。王猛很为难，回答说："这不是我可以决定得了的。"王猛说的是要情，可是邓羌竟然拉着自己的一派人按兵不动，并以此相要挟。王猛再次从全局出发容忍了邓羌，亲自向邓羌赔礼道歉，答应了他的无理要求。邓羌这才带着人马出战，一举歼灭了前燕的军队。

后人评论此事说："邓羌请郡将以挠法，徇私也；勒兵欲攻王猛，无上也；临战豫求司隶，邀君也。有此三者，罪莫大焉！猛能容其所短，收其所长，若驯猛虎、驭悍马，以成大功。"这段评论非常中肯，深刻说明了王猛在关键时刻能够"容其所短"而"收其所长"。假如王猛只是就事论事，一怒之下杀了邓羌，当然在道理上讲也是站得住的，但是如果从全局利弊短长的角度来考虑，就不如"姑且容忍"更高明了。也正因如此，在大敌当前的严重时刻，王猛维护了自己内部的团结、统一，才顺利地完成了彻底消灭前燕、俘虏前燕君主慕容的大业。

"宰相肚里能撑船""小不忍则乱大谋"，这些都是告诫人们，非大器量、大胸怀者不能成大事。

居上位者特别需要宽宥的大器量，律法不外人情，但看你怎么解释：法外开恩常能为自己招来死忠之士。秦穆公的遭遇是一个最好的例子。

春秋时代中叶，秦国与晋国在中原地区相互争霸。数十年间，双雄干戈不断，互有胜负。

有一年，秦穆公和晋惠公各自亲率大军，在韩原地方交战。结果晋国打了败仗，惠公急忙弃了军士器械，仓皇逃命，却不料坐骑陷足于泥泞之中，不能行走。穆公及麾下将士见状，飞也似的追赶上去，想要擒掳惠公。可是还没追上，晋国的军队就重重地包围了过来，反而把秦穆公给困住了。晋军见机发动猛烈的攻势，并把秦军阻挡在外围，切断救援。眼看穆公就快被晋军击杀了，秦军却是一筹莫展。

就在生死存亡之际，秦国阵中冲出一小支队伍，向晋军直撞了过去。只见他们个个奋不顾身，拼死冲锋，终于把晋军的包围网突破了一个缺口，救出了穆公。其他秦军见机不可失，趁此如虹气势，乘胜追击，杀得晋国溃不成军，反而将晋惠公给俘虏了。

原来在开战之前，秦穆公有一匹很好的马逃脱，跑到岐山附近。当地居民不知道这匹马的来历，捕获之后，便将他煮来吃。当时一起分享这匹好马的，一共有三百多人。负责马政的官吏追踪这匹好马的下落，发现是被岐山的居民吃掉的。于是把吃过马肉的三百多人全都捉了起来，送到朝廷，交付有司治罪。穆公知道这件事后，便说："仁人君子，不可为了牲畜的事情，却杀害了人的性命。

我曾经听说，吃了好马的肉，一定要饮酒，否则有伤身体。”便命人将他们放回，并各赐一瓶酒，赦免他们偷吃马的罪责。

这三百多人原以为会获罪受惩，没想到穆公竟不加追究，非但赦免了他们，还多加体恤，赐予美酒。众人无不喜出望外，感怀穆公恩德，当听说秦国要去攻打晋国的时候，便一同投身军旅，为国效命。后来在战场上，正遭逢公危急窘迫，生死一线的危急关头，三百多条人便奋勇突围，死力救驾，以报其赦罪之德。

没想到，正由于这三百多人的奋战，穆公捡回了一条命，也让秦国生擒了晋君，大获全胜。

我们无法去估算一次宽宥能带来多少回报，也无法预测对方会不会回报，但可以肯定的是，宽宥所带来的人际方面的正面效应比负面效应大，而这也是人类社会维持平衡的一个很重要的机制。

善待别人的错误

宽容、原谅能赢得犯错者的感激，日后自然倾力相助。

谁都会有犯错的时候，当然这也包括我们的下属。面对下属的过失，由于职权上的关系，一般上司的反应总是怒气冲冲，非得把下属骂一个狗血喷头不可。然而严苛的批评是无益的。我们必须承认一个事实，我们所要批评的人，不论其是否有错，都将会执意强辩，自觉不自觉地采取防卫行动，为自己寻找合理的解释。而一旦批评直接伤害了对方的自尊，他就会开始反击，这样就更不可能反躬自省、承认错误了。

有一次，唐太宗李世民满脸怒气，要杀为他养马的人，旁人没有一个敢替养马人说话的。这时，长孙皇后走过来，她见皇上的脸色不好，知道又有了不愉快的事，于是柔声问道："皇上在为什么事生气呢？"

李世民告诉她说："我的那匹最心爱的马好端端的突然死去，一定是养马人不负责任，让马吃了什么东西。你知道这匹马跟着我南征北伐，立下赫赫战功。现在无病而死，叫我怎么不伤心呢？因此，我一定要杀死这个养马人，看谁以后还敢不负责任！"

长孙皇后很不满意李世民的做法，想说几句好话救下养马人，可是握有至高无上权力的皇上正在气头上，恐怕帮不了这个忙了。她突然想起历史上发生过类似的事，不妨讲给皇上听听，也许能让他回心转意。

"陛下，你听说过齐景公杀养马人的故事吗？"长孙皇后的第一句话就把李世民的注意力拉过来了，他饶有兴趣地听着皇后说下去："齐景公的一匹马死了，要杀养马人。有个叫晏婴的臣子站出来说，养马人有三条罪状。齐景公催着晏婴快说哪三条，晏婴说，"第一条罪，养马人失职，没有养好马而被杀；第二条罪，养马人使国君因马死而杀人，全国的老百姓知道了，必然会埋怨国君把马看得比人还重要，这会损害国君的声誉；第三条罪，诸侯知道了这个消息，必然会看不起齐国，降低齐国的威信。’齐景公一听，杀一个养马人会带来那么多的麻烦事，那不杀就是了。”

李世民听到这里，知道皇后是在借说故事批评自己，想想也确有道理，于是改变了主意，释放了那个养马人，仍让他为自己养马。

自此以后，养马人更尽心尽职喂马，再没有发生过差错。

所以说，如果能够原谅对方的过失，在一定程度上就是在帮助自己。从古至今，都是这个道理。

给别人留有余地

凡事都不能把别人往死里逼，要给人留有余地，这是人的一种豁达，也是一种生存的大智慧。

人生一世，千万不要使自己的思维和言行沿着某一固定的方向发展，直到极端，而应在发展过程中冷静地认识、判断各种可能发生的事情，以便能有足够的回旋余地来采取机动的应对措施。

宋朝时，有一位精通《易经》的大哲学家邵康节，他与当时的著名理学家程颢、程颐是表兄弟，和苏东坡也有往来。但二程和苏东坡一向不和。

在邵康节病重的时候，二程兄弟在病榻前照顾。这时外面有人来探病，程氏兄弟问明来的人是苏东坡后，就吩咐下去，不要让苏东坡进来。

躺在床上的邵康节，此时已经不能再说话了，他就举起双手，比成一个缺口的样子。程氏兄弟有点纳闷，不明白他这个手势是什么意思。

不久，邵康节喘过一口气来，说："把眼前的路留宽一点儿，好让后来的人走。"说完，他就咽气了。

邵康节的话很有道理，因为事物是复杂多变的，任何人都不能凭着自己的主观臆断来判定事情的最终结果。人的一生，更是浮沉不定，常常难以自料。

留余地，其实包含两方面的意思，给别人留余地，无论在什么情况下，也不要把别人推向绝路，不可逼人于死地，否则对方会作出极端的反抗，对彼此都没有好处。另一方面，给自己留余地，让自己行不至绝处，言不至于极端，有进有退，以便以后可以机动灵活地处理事务，解决复杂多变的问题。

不给别人留余地，就等于伸手打别人耳光的同时，也在打自己的耳光。人生就是这样，不让别人为难，就是不让自己为难，让别人活得轻松，就是让自己活得自在，这就是留余地的妙处。给别人留有余地，他一定会感激你，协助你，这也就等于给了自己一次成功的机会。要培养自己的这种美德，切记以下"四绝”：权力不可使绝；金钱不可用绝；言语不可说绝；事情不可做绝。

而一位作家则对于如何做到得饶人处且饶人，进行了详细的描述：

“对于人类的天生性情，比如恐惧、弱点、希望等，都要表示同情。”

“对于任何事情，都要设身处地地思考。在考虑事情的时候，要考虑到他人的利益。”

“表明反对意见的时候，不应该伤害到他人。”

“对于事情的好坏，要有迅速辨别的能力。必要的时候，作出必要的让步。”

“不要固执己见，你要记住，你的意见只是千万种意见中的一种。”

“要有真挚仁慈的态度，这种态度，能够帮你化敌为友。”

“无论怎样难堪的事，都要乐意承受。”

“最重要的，就是有温和、快乐、诚恳的态度。”

放别人一条生路，让他有个台阶下，为他留点面子和立足之地。人海茫茫，但却常“后会有期”，你今天势强不留任何余地，等到他日二人狭路相逢，如果那时他势旺你势弱，你就有可能吃亏，所以任何时候做事情都要留三分余地。

得饶人处且饶人

宽容别人就是宽容自己，给别人留下台阶或退路，也就是为自己预留台阶或退路。正所谓“得饶人处且饶人”，千万不要把人逼急了。

俗话说，得饶人处且饶人。放对方一条生路，给对方一个台阶下，为对方留点面子和立足之地。待人处事固然要“得理”，但绝对不可以“不饶人”。留一点儿余地给得罪你的人，不但不会吃亏，反而还会有意想不到的惊喜和感动。

一位高僧受邀参加素宴，席间，发现在满桌精致的素食中，有一盘菜里竟然有一块猪肉，高僧的随从徒弟故意用筷子把肉翻出来，打算让主人看到，没想到高僧却立刻用自己的筷子把肉掩盖起来。

一会儿，徒弟又把猪肉翻出来，高僧再度把肉遮盖起来，并在徒弟的耳畔轻声说：“如果你再把肉翻出来，我就把它吃掉！”徒弟听到后才再也不敢把肉翻出来。

宴后高僧辞别了主人。归途中，徒弟不解地问：“师傅，刚才那厨子明明知道我们不吃荤的，为什么把猪肉放到素菜中？徒弟只是要让主人知道，处罚处罚他。”

高僧说：“每个人都会犯错误，无论是有心还是无心。如果让主人看到了菜中的猪肉，盛怒之下他很有可能当众处罚厨师，甚至会把厨师辞退，这都不是我愿意看见的，所以我宁愿把肉吃下去。”

每个人的价值观、生活背景都不同，因此生活中出现分歧在所难免。大部分人一旦身陷斗争的漩涡，便不由自主地焦躁起来。一方面为了面子，一方面为了利益，因此一得了“理”便不饶人，非逼得对方鸣金收兵或投降不可。然而，“得理不饶人”虽然让你吹响了胜利的号角，但这却也是下一次争斗的前奏。因为对方虽然“战败”了，但为了面子或利益他自然也要“讨”回来。

纵览古今，凡在事业上有所建树的人，无不襟怀坦荡，度量恢宏。放对方一条生路，给对方一个台阶下，为对方留点面子和立足之地。这样做并不是很难，而且如果能做到，还能给自己带来很多好处。

日本松下公司的创始人松下幸之助以其管理方法先进，被商界奉为神明。他就善于给别人留有余地。后藤清一原是三洋公司的副董事长，慕名而来，投奔到松下的公司，担任厂长。他本想大有作为，不料，由于他的失误，一场大火将工厂烧成一片废墟，给公司造成了巨大的损失。

后藤清一十分惶恐，认为这样一来不仅厂长的职务保不住，还很可能被追究刑事责任，这辈子就完了。他知道松下幸之助从不姑息部下的过错，有时为了一点儿小事也会发火。但这一次让后藤清一感到不解的是松下连问也不问，只在他的报告后批示了四个字："好好干吧！"松下的做法深深地打动了后藤清一的心，由于这次火灾发生后没有受到惩罚，他心怀愧疚，对松下更加忠心效命，并以加倍的工作来回报松下。

松下幸之助给下属留有了余地，也给自己公司留下了更快发展的余地。

俗话说，金无足赤，人无完人，每个人都会偶有过失。像松下幸之助这样胸襟宽阔的人，能够不计较个人得失，还会为对方寻找恰当的"台阶"，能够让对方不失尊严和面子。俗语说："量小失众友，度大集群朋。"为人有宽阔的胸襟，恢弘的度量，才能赢得友谊，增进团结。也只有胸怀宽广的人，才能解人之难，使人乐于信任亲近。而胸襟狭窄者则会嫉人之才，妒人之能，讽人之缺，讥人之误，因而在他周围便会产生一种无形的排挤力量，使人对之避而远之。

怎样才能造就博大的胸怀呢？古人云："海纳百川有容乃大，山同万仞无欲则刚。"我们应该做到"有容""无欲"，像大海那样笑纳百川，像高山那样巍巍矗立，刚正不阿。当然，度量的锻炼，并非一日之功，还要靠长期的修养。

法国著名诗人雨果认为："世界上最宽阔的是海洋，比海洋更宽阔的是天空，比天空更宽阔的是人的胸怀。"做一个肯理解、容纳他人优点和缺点的人，才会受到他人的欢迎。那些对人吹毛求疵，没完没了地批评、说教的人，是不会拥有亲密的朋友的，也不会受到别人的拥戴。

关键时刻更要容人之过

“人非圣贤，孰能无过”。在职场中，只要我们宽容下属过错，激励他改过自新，他会迸发出无限的创造力。一心一意为企业、为社会拼搏努力，做出自己的贡献。

当事业处在最关键、最需要用人的时候，领导者必须容忍下属所犯的小错误。

乔治·史密斯·巴顿是一位举世闻名的美国传奇将军，他却把自己的成功归功于一些人对他的容忍上。这不是开玩笑，而是他说出了自己的心里话。

巴顿是个个性刚强、脾气暴躁的人，他的行为常常超出人们的想象。1944年8月，盟军虽已在诺曼底成功登陆两个月，但却被德军围困在诺曼底的“灌木篱墙”地区而动弹不得，此时，巴顿带领其第三集团军一举突破了死气沉沉的胶着状态，挥师围攻了布勒斯特，并占领了卢瓦河上的勒芒市，打破了别人未能打破的“灌木篱墙”。这时立了头等功的巴顿成了人们心目中的英雄，但是，他的个性却不时地考验着上司的容忍性。

在战争中，他屡次与上司的意见相左，甚至发生拍桌子的事。他的上司从战争利益出发，不得不原谅他，容忍他，因为只要巴顿能打胜仗，被他顶撞也就算不了什么了。在一次突破莱茵河的战役中，巴顿为了加速进攻步伐，竟不惜一切代价、不择手段地搞油料。他授意其部下冒充兄弟部队到友邻那里冒领油料，甚至采取偷窃、抢劫的手段把友邻的油料搞到自己手里，作为集团军司令，他竟自己开着仅剩最后一点汽油的吉普车到上司那里强行要加满油箱。

他的这些越轨行为无疑使他的上司大为恼火，但是他们考虑到战争利益，只能容忍着，正是这容忍，让巴顿不受干扰地取得莱茵河战役的胜利，一举率先突破了德军防线，从而为美国陆军争了光，上司特别高兴。等到战争结束后，巴顿的上司才提出他的某些行为有失检点。

战争中，巴顿将军曾和摩洛哥及法国投降德国的维希政权的人频繁交往，这可是政治问题啊，华盛顿的高层首脑很气愤，但是没有处分他，更没有把他从前线调遣回来，这些政治家们知道巴顿是一张厉害的牌，战争的胜利离不开他，所以他们容忍着，对他的行为装作不知道。

有一次，在盟军完全占领德国后，巴顿将军参加了盟军的阅兵式，苏联将领出于对这位美国名将的尊重与钦佩，派联络军官和一名翻译来邀请他参加他们举行的宴会，巴顿对来人发起脾气，大声吼道："你们去告诉他们，根据他们在这里的表现，我把他们当成仇敌，我宁愿砍掉脑袋，也不同我的敌人在一起喝酒！"

他的话把身边的翻译震住了，不知怎么翻译好，而巴顿却命令他必须一字不漏地给翻译出来。这几乎酿成了一次非常不愉快的外交事件，因为当时美苏均为同盟国的主力，为了消灭法西斯，罗斯福、斯大林、丘吉尔费了很多的努力才结成同盟，可是罗斯福还是容忍住了，他向苏联领导人解释，说巴顿以顶撞上司为乐趣，但他对法西斯的仇恨是强烈的，所以可以保证，他在战争中会发挥重要作用。

还有一次，他竟动手打了两名士兵，这一次惹怒了一些国会议员，差点受到军事审判，他的上司艾森豪威尔庇护了他，更多的想到的也是战争的需要，才免于对他的追究。

直到后来，他的成功被人们广泛宣传和鼓吹的时候，他才道出了自己的心里话，如果不是一次次被上司容忍着，他不会有今天，早已没有率兵打仗的资格，当然，上司的容忍是针对战争的需要，并对巴顿的军事才能充分了解的基础上的，否则，容忍只会是姑息、怂恿，必影响战争的胜利。

与人共事，从大局出发，忍受不满，把矛盾暂时悬挂起来，有意见、有看法等把事情干成后再理论，而为一时之气大动肝火，会影响事业的成败。别人发生错误，要分析是无意还是故意，其后果是有损利益还是不值一提，对犯错误的人，有时不做及时处分反而于事于人都有利。

|第七章|

舍小谋大：吃亏是福的谋事艺术

全局胜于局部，大利强于小利，这是一个任何人都明白的道理，可是在生活中却很少有人做到这一点，相反，他们往往为了一点小利而不计大利，为了局部的胜利而丢弃全局的成功。大智若愚者与这些人相反，他们在任何时候都能做到以全局、整体优先，自觉地把以小谋大、以退为进、先予后取作为自己做事的策略，平时适当让步，吃点小亏，但在最后时候总能占得大便宜，在全局获得胜利，达成自己的目标。

舍弃小利方能得大利

所谓"舍不得鞋子套不着狼"，只有舍弃眼前的小利，才能换来长远的大利益。

有一次，某营销咨询机构应邀为一家颇有名气的生产冻鸡半成品的中外合资企业做营销策划。当时，他们依据对市场大量的调查作业，发现商家将各种品牌的冻鸡全部散放在大冰柜里，任由顾客翻捡。久而久之，由于翻捡次数过多，再加上冰霜褪色作用，塑料食品包装袋上的品牌大多数都模糊不清，而顾客大都只凭外观感觉去挑选，而不是指名购买。针对这一特点，他们在为企业提呈的策划案中，特别向生产厂家建议：企业免费为商家设计一种可折叠在冰柜中的冻鸡陈列架，在陈列架上镶嵌企业的产品商标，提醒顾客品牌认知。还为顾客提供带有企业产品商标的塑胶手套，以方便顾客挑拣。并向厂家提出为烤鸡店更换招牌的策划作业。结果，他们的工程部把设计好的折叠展示架图纸的预算，拿给那位外国董事看了后，他觉得花几万元干这个事不合算、划不来，后来，这个企业在电视广告上做了几个月的品牌广告，之后就销声匿迹了。

这个企业，很显然没有仔细分析一下去购买半成品冻鸡的消费者的购买动机是怎样产生的：顾客决不会看了你的冻鸡宣传广告，就马上乐颠颠地去商店，满冰柜去翻你的冻鸡，他要在有需求时，才会发生购买行为。专业上称这种消费行为是"周期需求限制"购买行为，等他有了购买需求时，或者你的广告停播了，或者他没有再看到你的广告，结果到了商场后，他还是在冰柜里翻捡。有可能买了你的，也有可能买了其他品牌的。对这种"周期需求限制"购买行为，而又没有指名购买要求的行动，最有效的办法就是在现场即时发布信息，可做到有效提醒，促使消费者恢复记忆，发生指名购买行为。看似花了几万元为商家换了货架，暂时亏了一点，但是，吃了这个小亏，就会占到大便宜。

当初，可口可乐公司"慷慨"地向中国捐赠了两条生产线，为各驻华使馆人员提供他们早已喝得习惯了的可口可乐。看似白白投入了百万美元，实际上，现在遍布中国的可口可乐生产线，可都是花钱买来的。

说到生意经，做艺术品生意的白祖金提到最多的词就是为客户着想和诚信守时。有一次，一位顾客觉得画的调子太深，与房子整体风格不配，就问能否再做淡一些。因为画是按顾客的要求来做的，现在再重做，这单生意根本就赚不到钱。即便如此，白祖金二话没说，按照顾客的新要求免费重新做了一幅。这位顾客很是感谢，后来带来了不少朋友过来买画。“做生意有时‘吃点亏’并不全是坏事。”白祖金说。

2003年的一天，有位客户来到艺术行订了一批画，但急着第二天要货。按常规，这批画要三四天才能准备好，为了能够按时交货，白祖金立刻组织人员加工。因为需要的艺术画得放大尺寸，加上确定色调等还要拉到关外加工，全部完成再运回来时已是深夜，这时白祖金才意识到竟然一天都没吃饭。第二天交货时客户非常满意，说白祖金帮了他一个大忙。还有一次，一个客户上午10点订了30幅画，要求下午3点提货，白祖金午饭都顾不上吃，终于在下午1点半赶了出来，并且没加任何赶工费，客户很感动，又追加了100多幅订单。

做生意，无人不晓“先赔后赚”是至理名言，但是，一到需要拿出勇气赔上一点时，大多数人往往畏缩不前，困于投足。说到底，有这种前怕狼后怕虎的胆怯心理，主要是缘于决策人缺乏对市场前景的战略分析，没有对整个市场的发展进行科学缜密地分析，只看到了无垠的海水和自己手中的蚯蚓，而没有看到随着暗潮涌动的鱼群，不敢把鱼饵扔出去。不敢先去吃这个亏，当然也就钓不上大鱼来。

以小步退却换取大步前进

列宁说："退一步是为了进三步。"积极意义上的妥协是为了伺机行事，出奇制胜。

有一条大河，河水波浪翻滚。河上有一座独桥，桥很窄，仅用一根圆木搭成。

有一天，两只小山羊分别从河两岸走上桥，到了桥中间两只山羊相遇了。但因桥面太窄，谁也无法通过，而这两只山羊谁也不肯退让。结果，两只山羊在桥上用角顶撞起来。双方互不示弱，拼死相抵，最终双双跌落桥下并被河水吞没了。

这则寓言很简单，但蕴含着深刻的道理：在狭窄的路口处，不妨让别人先行，自己退让一步。表面看来，自己吃亏，但实际上，如果彼此都不相让，势必会两败俱伤，倒不如稍作退让，免去麻烦。

人毕竟是羔羊所不能比拟的，于是有人说："人情反复，世路崎岖。行去不远，须知退一步之法，行去远，务加让三分之功。"确实，这种做法明为退，实为进，是一种比较圆熟的做法，一条道路本就狭窄，再加上拥挤更是无处下脚，若是自己退一步让人先走，那么自己也就相当于有了两步的余地，可以轻松走路。两相对照，自然是应选择有利于自己的做法。

有一位留美的计算机博士，毕业后在美国找工作，结果好多家公司都不录用他，思来想去，他决定收起所有的学位证明，以一个普通身份再去求职。

不久他就被一家公司录用为程序输入人员。这对他来说简直是"高射炮打蚊子"，但他仍干得一丝不苟。不久，老板发现他能看出程序中的错误，绝不是一般的程序员。这时他亮出学士证，老板就给他换了个更高级的职位。

过了一段时间，老板发现他时常能提出许多独到的有价值的建议，远比一般的大学生要高明，这时，他又亮出了硕士证，老板见后又提升了他。

再过了一段时间，老板觉得他还是与别人不一样，就对他“质询”，此时他才拿出了博士证。此时，老板对他的水平已有了全面的认识，毫不犹豫地重用了他。

人不怕被别人看低，而怕的恰恰是人家把你看高了。看低了，你可以寻找机会全面地展现自己的才华，让别人一次又一次地对你“刮目相看”，你的形象会渐渐地高大起来。可被人看高了，刚开始让人觉得你多么地了不起，对你寄予了种种厚望，可你随后的表现让人一次又一次地失望，结果是被人越来越看不起。

俄国十月革命后，苏维埃刚刚夺取政权，德国就有向东侵略的倾向。很多人主张组织军队与德国交战，而列宁却不同意这样做，专门派人去德国进行和谈，签定了对苏维埃不利的条约。

这是一种妥协，这种行动并不表明列宁和布尔什维克革命立场不坚定，而是在强大的敌人面前，不得不这样做。否则，新生的革命政权就会很快被推翻。可见，妥协不一定意味着放弃努力和宣布失败。

皮华是一个化妆品公司的推销员，皮华的公司几次想与另一个化妆品公司合作都未如愿。经过皮华的不懈努力，该公司终于答应与皮华的公司合作，但有一个要求：要在其化妆品广告词中加上该公司的名字。

皮华公司的老总不同意，认为这是花钱替别人打广告，协商又陷入僵局，合作公司限皮华的公司两天内回话。

皮华听到这个消息，直接找到老总，让他赶紧答应，否则会错失良机。老总不乐意地说：“我坚决不妥协，他们这是以强欺弱。”

皮华认为把产品和一个著名的品牌绑在一起是有利的，经他的劝说，老总终于同意了合作的条件。事情像皮华预料的一样，公司的生产蒸蒸日上，销售额直线上升，皮华也因此被提升为业务总经理。

妥协是通往成功的道路，是在冷静中窥视时机，然后准确出击。

江程拥有一家三星级的宾馆，经朋友介绍，他认识了一名名气很大的导演，导演准备在他的宾馆开一个新闻发布会。江程爽快地同意了，可在租金上不能与对方达成协议。江程要价 4 万，导演只答应出 2 万，双方争执不下。朋友劝江程：“你怎么这么傻，你只看到了 2 万，2 万背后的钱可不止这个数，他们都是名人，平时请都请不来。”

江程还是不妥协，坚持要 4 万，还对朋友说：“你看你介绍的人，这么苛刻。”朋友生气地说：“我没有你这个目光如豆的朋友。”说完，朋友抛开江程，自己走了。江程旁边一家四星级宾馆的总经理听到了这个消息，及时找到导演，说他愿意把宾馆大厅租给导演，而且要价不超过 1.5 万元。

于是，导演便租了这家四星级宾馆。开新闻发布会那几天除了许多记者、演员外，还有不少慕名而来的影迷，十几层的大楼无一空室，而且因为明星的光临，这家四星级宾馆的名声大噪。

江程看到这一幕后，后悔得不得了，但一切都晚了，他只能谴责自己目光短浅。

《菜根谭》中说：“路径窄处留一步，与人行；滋味浓的减三分，让人嗜。此是涉世一极乐法。”妥协从退让开始，以胜利告终，表相是以对方利益为重，真相是为自己的利益开道。以小步的退却换取大踏步的前进，何乐而不为呢?

用局部损失换取全局胜利

古代兵法《三十六计》的第十一计“李代桃僵”中言：“势必有损，损阴以益阳。”也就是说：当局势发展必须有所损失时，要舍得局部的损失，以换取全局的胜利。

壁虎断尾求生的的故事大家都知道，壁虎断尾，实则是李代桃僵的技能。

一只壁虎在墙壁上爬行着捕食蚊蛾，它看到一只蛾子落在墙根上，立即爬下来，舌头一伸，便把这只蛾卷进了嘴里。这时，蹲在地上的一只小花猫看到了墙根上的壁虎，立即扑了过去。可是当小花猫碰到壁虎的一刹那，壁虎一下子就爬走逃脱了，只留下一条还在摆动的尾巴，给小花猫叼了去。

原来，壁虎会利用分身的技能来保存自己的生命。它的尾巴很容易断，敌手捕捉它的时候，只要一碰着它，尾巴就会自动断掉，滚到一边并不停地摆动，吸引敌手扑向断了的尾巴，而壁虎则趁机逃跑。壁虎主动断尾是保护自己的一种本能方式。过不了多久，壁虎又会长出一条新的尾巴来。

壁虎通过主动断尾来保全自己生命的技能，为世人在竞争失利时如何保存实力、在险恶的环境中如何求生存提供了可资借鉴的经验。

要做到李代桃僵，首先要有全局观念。舍不得牺牲局部利益，就无法换取全局的主动；舍不得甲处的损失，就无法赢取乙处的胜利。就像壁虎，如果舍不得断掉尾巴，就无法保全自己的生命。因此，明智之士，在各种各样的竞争中总是从全局的利益出发，当局势发展需要李代桃僵时，便毫不犹豫地予以运用。

但如何去做，无一定之规。在斗争中，本来是主帅造成的过失，却常常让某一部下代为受过，即人们所说的“替罪羊”，借以保全自身。在间谍战中，为了核心人物的安全，常常不惜以牺牲外围人员为代价，即所谓“丢卒保车”。在战争中，以局部牺牲换取全局的主动或是以甲处的损失换取乙处的胜利，更是数不胜数。如三国赤壁之战中，诈降曹操的黄盖为了骗取曹操的信任，在大帐内当众让周瑜打五十大板。

采用李代桃僵的战术，关键是善于算账，长于谋划，不能简单以胜负的场次来判断，主要看谁能取得最后胜利。为了最后的胜利而牺牲眼前的胜利是值得的。如果谋划失当，即便是毁了李树也不能保住桃树，“赔了夫人又折兵”；或是李树本身的价值就比桃树大，弃大而保小，舍本而逐末，这就是蠢人所为了。

成就大局需主动让步

古人云：退一步，海阔天空。做人就要懂得必要时需“忍”，“忍”有时可以使你减少许多不必要的麻烦。有退才有进，“卷土重来”一定会有一番新的天地，此为上上策。

胡雪岩一生中，无论在商场中，还是在官场中，待人接物都能做到主动忍让，成就大局。其中最值得一叙的是他对张秀才的拉拢和成全。

张秀才在杭州城中算个不小的角色，平时自以为是衣冠中人，可以走动官府，包揽讼事，说合是非，是个欺软怕硬的货色，十分无赖。曾因为一件事情使他对胡雪岩非常嫉恨，此后与胡雪岩或明或暗对着干。说到互相结怨的事，其实只是张秀才对胡雪岩的不满，胡雪岩并没有得罪张秀才半点。那次王有龄坐镇杭州，推行改革旧弊。当时有一项对新开店铺征收规费的税，王有龄锐于政事，认为此税不该收，于是贴出告示，永远禁止。钱塘、仁和两县的差役，心存顾忌，但不敢乱来，一时敛迹。但巡抚、藩司两衙门，自觉靠山很硬，不买知府的账，照收不误。不过自己不便出面，便指使张秀才去收这种费，讲明三七分账。谁知运气太差。张秀才收税之时正巧碰到知府大人王有龄的轿子路过，王有龄见有人争吵，下轿一问，原来是此事。在他张贴布告的当日就敢如此大胆，于是勃然大怒，决定严惩张秀才，王有龄将张秀才厉声斥责了一顿，一定要革他功名。这下子张秀才吓破了胆。

张秀才左思右想只有去托让王有龄言听计从的胡雪岩，于是带着老婆儿女到胡雪岩处跪地求助。胡雪岩也是一时大意，只当小事一件，顺口答应下来，保他无事。哪知王有龄执意要按自己的意思办，说这件事与他的威信有关。当时王有龄正处于建立自己的威信时期，如何肯就这样草草了事？说之再三，王有龄算退让一步。本来要革他功名，打他两百板子，枷号三月。现在看在胡雪岩的份上，免掉他的皮肉之苦、出乖露丑，秀才却非革不可。

谁知，对胡雪岩的帮忙张秀才并不知详情。以前答应他包他无事，谁料竟是这种结果。于是认为胡雪岩不肯尽力，搪塞敷衍，从此怀恨在心，处处与胡雪岩为难。

胡雪岩当时回杭州，正逢要收复杭州之时，他此时想的就是收服此人，让他做个攻城时的内应。要收服人首先就必须摸透此人的脾气，这一切都交给开路先锋刘不才去办。

根据刘不才的调查，这张秀才天不怕地不怕，除了官就怕他儿子小张。小张吃喝嫖赌，一应俱全。张秀才辛辛苦苦弄来的几个钱，都被宝贝儿子弄得满天飞。

胡雪岩根据这一点，想了一套办法，让刘不才从小张身上下手，收服了小张，张秀才就不得不就范。刘不才赌场上关照小张，获得其好感。于是找借口与小张单独会了面。会面时，刘不才带去了最时兴的从上海带回的巧妙之物，惹得小张爱不释手，刘不才慷慨相赠，但却说是一朋友相赠的，这个馈赠定物的朋友当然就是胡雪岩了。

胡雪岩后来还托刘不才带信给张秀才，告诉张秀才已为他安排好前程，并送去保举书，答应事成之后保举他一官半职。还重新解释当年那场误会，待得张秀才明白原因，隙愤顿时烟消云散。

诸事顺利，蒋益澧攻城之时，张秀才父子因为打开城门迎接官军有功，使小张获得了一张七品奖札，并派为善后局委员。

在这件事上，胡雪岩先委屈自己，忍一时之气，派刘不才从张秀才之子小张入手，以大局为重，晓之利害，以求一事之全。

一般人或许对张秀才这样的“梗子”是不会考虑要请他做内应的。但胡雪岩不仅做了，而且做得相当好，还收了帮手小张，与他一起处理杭州城内的善后事宜。

以大局的眼光，会发现私人的恩怨实在不算什么，以大局的利益为重，对对方晓以利害，一般也会将一切误会和歧见消失于无形之中。能容忍别人的一次小过失，别人就会以他的一技之长来回报你。能消除对别人的恩怨，别人就会拼了命来报答你。这种回报和报答的心情是那样的迫切，以至只要碰到机会。他就一定会一展身手，只要有效力的场合，他就会拿出他的全部力量，以完成其事。

俗话说："忍一时可风平浪静，退一步可海阔天空。"忍让并非就是怯弱的表现。以退为进，实际上是一种具有深远宏大眼光的策略。更何况，"忍"在我国历史上一直为许多文人视为修身养性之本。凡做大事者，必须学会以大局为重，居高临下看问题，忍一时之气，求一事之全，又何乐而不为呢？

欲先取之，必先予之

与他人交往离不了相互帮衬、相互维护，这才能使自己赢得最好的人缘。

政商关系也是同样如此。只是不一样的地方在于：官场上的人需要的是一级一级往上爬，需要的是政绩，因此如果你能在政治上帮助他们取得成功，那他们就会在生意上给你回报。

胡雪岩在权场上之所以能赢得左宗棠这座大靠山，其实归根结底来讲，还是因为他帮助左宗棠建立起了自己的功业。因此与其说是左宗棠在帮助胡雪岩，倒不如说是胡雪岩先帮助左宗棠，这样各有所予、各取所需、各有所得。

像左宗棠这样自比诸葛亮，做事光明磊落的封疆大臣，对小恩小惠是不屑一顾的，他看重的是可以辅助他成就大业的人才。胡雪岩深知这一点，因此他借助左宗棠的手段，主要就是对左宗棠在施展抱负、建功立业的过程中给予莫大的帮助。

胡雪岩把受王有龄的委托、从上海采办来、因故未能运入杭州的军需大米一万石，作为谒见当时新任闽浙总督兼浙江巡抚左宗棠的见面礼，解了左宗棠的燃眉之急，因而得到了左宗棠的信任。随后，胡雪岩又给左宗棠提了个建议，在太平军里劝捐，从而顺利解决了左宗棠军中的军饷问题。当时连年战争，国库早已空虚，清军军费的自筹极为困难，而胡雪岩一条妙计便解决了这一难题，使左宗棠知道这确实是一个难得的人才，于是倾心接纳。

随后，两个人开始了长达 20 年的亲密合作。胡雪岩通过购买武器、采粮，为左宗棠镇压太平军及陕甘回民起义提供了大量的帮助，在洋务运动中胡雪岩也出了很大的力。更难能可贵的是，在左宗棠 60 多岁的高龄挂帅出征，与阿古柏等分裂势力逐鹿西北边疆的时候，左宗棠的政敌冷嘲热讽，各省观望不去增援，胡雪岩却精心选购西洋军火，奔走筹借洋款，为左宗棠收复新疆这一中外瞩目的大事出了很大的力。

正因如此，胡雪岩才能得到左宗棠的高度信任和倚重，才能把出将入相的左宗棠经营成了自己的靠山，他自己也才能在总办粮台、劝捐、军火买卖和借款中，捞了不少好处。当然，更重要的是，由于成了左宗棠手下的红人，胡雪岩在商场上更是左右逢源了。这一切，都是在他帮助左宗棠取得成功时得到的。

战国时期的吕不韦也同样是一个游刃于官商之间的高手。刚开始时他只是一个商人，当秦昭王的太子，安国君的儿子子楚，以王孙的身份在赵国做人质的时候，吕不韦以商人所特有的精明眼光意识到，这个王孙绝对是一个值得先扶一把的人物，于是决定在他身上投资。等到吕不韦帮助子楚顺利登上王位的时候，他自己也就被封为了文信侯，并享有河南洛阳 10 万户的赋税收入，同时成为秦国的一代名相。

生意场上讲究“双赢、全胜”，在政商之间的关系场上同样如此。与官场打交道，无论对方是谁，都要首先想到让对方获利，为对方提供方便，帮助对方取得成功。对方从你这里得到好处了，或者在你的帮助下他才取得了成功，那么他自然不会忘了你。只有这样，才能在你们之间建立长期的合作伙伴关系，才能为你的生意拓展出更为广阔的市场空间。

所以说，欲先取之，必先予之。要想从对方这里得到成功，你就要先帮助对方取得成功。

以小的损失换取大利益

“爱出者爱返，福往者福来”，这句话的意思是说：人世间的事情，有了付出才有回报，付出越多，得到的回报越大，只想别人给予自己，那么“得到”的源泉终将枯竭。

春秋末年，齐国的国君荒淫无道，横征暴敛。齐国的贵族田成子看到这种情况后，对他的僚属说：“公室用这种榨取的手段虽然得到了不少财富，但这种取是‘取之犹舍也’。仓储虽实，但国有不固，终是‘嫁衣’。”于是田成子制作了大、小两种斗，大开自己的仓储接待饥民，用大斗出借谷米，用小斗回收还来的谷米，“予民于惠”。于是齐国人民不肯再为公室种田效力而投奔于田成子门下，一时“民归之如流水”。田成子用这种大斗出小斗进的方式，借出的是粮食，收进的是民心。果然，齐国国君宝座最后为田氏所得。田成子收进的民心，终于为自己做成了一件大事。

史学家范晔（公元398年—445年）说：“天下皆知取之为取，而莫知与之为取。”正是一语道破了这种得失观。

战国时，齐国的孟尝君是一个以养士出名的相国。由于他待士十分真诚，感动了一个有真才实学而十分落魄的士人，其名叫冯谖。冯谖在受到孟尝君的礼遇后，决心为他效力。

一次，孟尝君要叫人为他到其封地薛邑讨债，问谁肯去？冯谖说他愿去，但不知用催讨回来的钱，买什么东西？孟尝君说就买点他家没有的东西吧！冯谖领命而去。到了薛邑后，他见到老百姓的生活十分穷困，听说孟尝君的讨债使者来了，均愤愤有怨言。于是，他召集了邑中居民，对大家说：“孟尝君知道大家生活困难，这次特意派我来告诉大家，以前的欠债一律作废，利息也不用偿还了，孟尝君叫我把债券也带来了，今天当着大伙的面，我把它烧毁，从今以后，再不催还。”说着，冯谖果真点起一把火，把债券都烧完了。薛邑的百姓没有料到孟尝君是如此仁义，个个感激涕零。冯谖回来后，孟尝君问他讨的利钱呢？冯谖回答说："不但利钱没讨回，借债的债券也烧了。"孟尝君便大不高兴，冯谖对他说："您不是叫我买家中没有的东西回来吗，我已经给您买回来了，这就是'义'。焚券市义，这对您收归民心是大有好处的啊！"

果然，数年后，孟尝君被人谮谗，齐相不保，只好回到自己的封地薛邑。薛邑的百姓听说恩公孟尝君回来了，全城出动，夹道欢迎，表示坚决拥护他，跟着他走。孟尝君至为感动，这时才体会到冯谖的"市义"苦心。

这就叫"好与者，必多取"，以小的损失可以换取大的利益。这也是获取人心委婉办事的有效途径。

主动舍利方可谋取大利

有成功学中，有一条“互利法则”，即你给人一份利，别人就会给你一份利。“利益共沾”，是聪明商人遵循的法则。

在李嘉诚的一生中，他始终坚持“利益共沾”原则，这使得他总能获取人心，赢得众人的支持，给自己事业的发展增添源源不断的动力。

从1984年起，李嘉诚进行过三次私有化，就是将原来带有公众性质的上市公司，转变为私有公司。

1985年10月，李嘉诚宣布将国际城市有限公司私有化。出价较市价高出一成，小股东大喜过望，纷纷接受收购。

李嘉诚放弃了在股市熊市时低价收购以求对小股东公平。对此，李嘉诚解释说：“我们不是没想过，但趁淡市以太低的价钱收购，对小股东来说‘抵数’。”

李嘉诚在股市中的形象一向极佳，原因是他时刻不忘照顾小股东的利益。由于得到股东拥戴，李嘉诚在股市中时常可以要风得风，要雨得雨，纵横股海，如鱼得水。

李嘉诚第二次私有化，是收购青洲水泥。同收购国际城市一样，这次的收购非常顺利。

1988年10月，长江实业宣布将青洲水泥私有化。长江控有其间44.6%股权，以29港元一股的价格进行全面收购，收购价比市价高出13%，涉及金额11.23亿港元。最终完成全部股权的收购，申请摘牌后青州水泥就变成了长实旗下的私有公司，李嘉诚对旗下公司私有化后，避免了业务重叠（如嘉宏与长实、和黄就存在这个问题），使机构更为精简，也不必再使长实系所有公司的经营和实绩都暴露在公众面前，使他在许多商业活动中，拥有更多的主动权。

李嘉诚的第三次私有化，可谓一波三折，远不如收购国际城市、青洲水泥那么顺利。

嘉宏是长实系四大上市公司之一，于1987年将港灯集团非电力业务分拆另组嘉宏国际集团有限公司而上市。上市时，嘉宏综合资产净值为44.57亿元。和黄控有宏嘉约54%的股权，宏嘉则控有港灯23%的股权。到1992年6月底全面完成收购时，市值达到155.09亿元。

1991年2月4日，控股母公司和黄宣布将嘉宏私有化建议，以每股4.1港元价格将嘉宏收归私有，涉及资金118亿港元，被称为香港有史以来最大的一次私有化计划。收购价比市价溢价7.2%，和黄当时拥有嘉宏65.28%的股权，实际动用资金41亿便可完成收购。

李嘉诚解释，这次收购主要原因是嘉宏盈利能力有限及业务与长实、和黄重叠，并声称不会提高收购价格，如有人肯出5港元的价格收购，他会考虑出售。

嘉宏资产估值在每股5至6港元的水平，和黄开价4.1港元，这种做法显然是肥了大股东，而损害了小股东。

李嘉诚解释嘉宏盈利前景有限，应该是事实。但在1991年4月10日嘉宏股东会议上、股东质询：嘉宏1990年财政年度业绩在（1991年）3月8日公布时，盈利状况甚佳，13.16亿港元的年盈利比上一年增幅达29%。另外，嘉宏所控的港灯市值连月上升，也会造成嘉宏资产值增高，这都有益于嘉宏的发展。

小股东纷纷质疑，并表示反对，嘉宏私有化建议最终以不足1/4的支持宣布流产。

当时证券界普遍认为，流产的原因是收购价偏低，收购方对嘉宏的评估与实际业绩的差异。和黄出价太低，远不及1987年上市供股价4.63元的水平。李嘉诚素来关注小股东的利益，而和黄的收购建议对小股东照顾不够，有失长实系的一贯作风，从而失去了小股东的支持，导致功亏一篑。

另外，小股东反对私有化，除认为和黄条件“苛刻”外，看好嘉宏的前景，舍不得“忍痛割爱”，则是私有化失败的另一大原因。

按规定，私有化失败，一年之内不得再提（私有化）建议，经历了一次失败的嘉宏未来的走向吸引着世人的眼球。

1992年5月27日，和黄重提嘉宏私有化。收购价每股5.5港元，较停牌前收盘价高出32%，涉及金额58.38亿元。

李嘉诚表示，私有化目的在于简化机构。对和黄是否供股集资来筹措资金，李嘉诚不做表态。

在7月10日的嘉宏股东大会上，私有化建议以96.7%的赞成票权通过。

这次的收购价，比上一次的出价4.1港元，提高了，36.62%。

这次收购能够成功的原因就在于，大股东在保全自身利益的同时又顾及了小股东的利益，在利己的同时兼顾利人，利益均沾，大家受益。

李嘉诚深知“利益共沾”的法则，他始终坚持：不独利己，更要利人，不能总把自己的利益摆在别人的之上，而是要学会利人法则。生活中也是如此。顾及对方的利益非常重要。它们是相辅相成的。一个人不能把目光仅仅局限于自己的利上。自己舍得让利，让对方得利，最终还是会给自己带来较大的利益。

适时吃亏是门大学问

暂时的忍耐是为了最后的出击，暂时的吃亏是为了更大的回报。

狼为了捕猎，可以忍受几天的饥饿，仔细挑选最合适的攻击对象，耐心等待最恰当的攻击机会；狼为了逃脱陷阱，甚至会咬断自己的伤腿……狼所有的一切仅仅是为了生存，为了生存它们能够做到适时吃亏。

成功的人在经营过程中都善于用一时的损失和痛苦作代价，换取巨大的市场和利益。他们往往明知不可为而为之，靠的就是比别人看得更远，想得更全面、更有深度。

爱德华·法林看准了美国人希望商品物美价廉、标新立异的心理，于是在波士顿市中心开了一家商店。他的商店有一种特别的经营方法：在商品上标出价格和首次上货架的日期。头 12 天按所标价格出售；从第 13 天起，按原价的 3/4 销售；再过 6 天，按原价的一半销售；再过 6 天，按原价的 1/4 销售；如果再过 6 天仍未卖出，商品就送慈善机构。

法林的商店能否生意兴隆？人们表示怀疑。很多人担心，如果顾客等到商品价格降到最低时来购买，商店岂不大亏？

但法林信心十足，他这样推测顾客心理：陈列在这里的商品，价格都是最便宜的，自己不买，别人就会买走。事实上，很多商品往往未经再次降价就会被人买走。

法林创办的自动降价商店，不仅着眼于满足顾客的需要，还着眼于社会宏观经济。他认为，任何企业在顺应瞬息万变的市场需求时，总会有脱节的时候，自动降价销售对于处理滞销商品会有很大作用，从而有利于社会再生产的顺利进行。

俗话说："舍不到金弹子，打不住银凤凰。"这句话是指以小的损失来换取大的胜利。我们可以借此来达到提高企业信誉，增加盈利的目的。

一位患胃溃疡的病人，正为没有钱去医院治疗而发愁，他的一位朋友告诉他，电视里有则广告说，有一家专治胃溃疡的诊所，为患者提供免费治疗。

晚上，那位病人在电视里真的看到了那则广告，广告里讲："你是不是得胃溃疡了？如果是的话，那么你现在就该和医生约定时间前去就诊。你将得到免费治疗，而且，你每次到这里治疗时，还将得到诊所付给你的25美元的报酬……"

千真万确的电视广告，给这位经济上十分贫困的患者带来了福音。第二天一早，这位患者就来到电视里介绍的伍德曼——珀卡尔诊所。他看到许多和他一样慕名而来求诊的病人已坐满了这间本来就不太宽敞的屋子，两位戴眼镜的医师正在和蔼地询问病人的病情，而那些被确诊为患了胃溃疡的病人真的从服务小姐那里领取了25美元的报酬。

为什么会出现付钱给病人的奇特诊所呢？伍德曼是一位不注册的药物制造商，他的合伙人珀卡尔是个取得了化学博士学位的化学家。他们看到，时下胃溃疡病流行，患者很多，如果与别人一样来收费治疗胃溃疡，即便是首屈一指的医疗机构，也难以在激烈的市场竞争中求得生存和发展，何况他们仅仅只有一间实验诊所。为了招来更多的胃溃疡患者，他们创办了这家独具风格、付钱给病人的诊所。

诊所刚刚开张营业，患者便蜂拥而来。按照常理，这样的赔本买卖，诊所岂不注定要关门吗？原来，诊所通过给胃溃疡病人诊治，可以获得大量可靠的第一手医疗研究资料和数据，利用这些数据和资料，他们可以争取仪器与药物管理局批准制造新产品，而药物实验室每实验成功一种新药物，两位经营者便可以获利500万美元。可见，伍德曼——珀卡尔诊所确实是舍小取大的大赢家。

由此可见，吃亏也是一门学问。人生的胜者，往往是那些不计较吃亏的人。

|第八章|

淡泊知足：掌控欲望的避害艺术

老子曰："祸莫大于不知足"。万千世界的诱惑太多，功名利禄，酒色财气，处处皆是陷阱，如果一个人不能控制自己的欲望，就有可能禁不起外在诱惑而犯下不能弥补的错误，导致终身遗憾。大智若愚者深知不合理欲望的危害性，他们能够控制欲望而不被欲望所控制，总是能够适可而止，见好就收，在名利面前永远保持清醒状态，不为身外之物而误事，让自己避祸趋福，永保自身平安幸福。

生存本领

祸莫大于不知足

“人心不足蛇吞象”，人有了贪欲，就永远不会满足；不满足，就会感到有欠缺，就高兴不起来。

老子在《道德经》中说：“祸莫大于不知足。”讲的是知足常乐的道理。孟子说：“养心莫善于寡欲；其为人也寡欲，虽有不存焉者，寡矣；其为人也多欲，虽有存焉者，寡矣。”说的也是清心寡欲从而知足常乐的道理。其实，知足常乐与清心寡欲讲的都是一个道理，可以说为每个中国人所熟知，但在现实中又有几人能做到这一点呢？许多人不可谓不聪明，但由于贪心过重，为外物所役使，终日奔波于名利场中，每日抑郁沉闷，不知人生之乐。

贝蒂·戴维斯在她的回忆录《孤独的生活》中曾写道：“任何目标的达到，都不会带来满足，成功必然会引出新的目标。正如吃下去的苹果都带有种子一样，这些都是永无止境的。”除非你真正懂得常乐的秘诀，否则将永远不会满足于自己所拥有的。

有一个人，偶然在地上捡到一张千元大钞，他得到这笔意外之财以后，总是低着头走路，希望还能有这样的运气。

久而久之，低头走路成了他的一种生活习惯。若干年后，据他自己统计，总共拾到纽扣近四万颗，针四万多根，钱则仅有几百块，可是他却成了一个严重驼背的人，而且在过去的几年中，他没有好好地去欣赏落日的绮丽、幼童的欢颜、大地的鸟语花香，甚至还因为低头走路，不善于与人交往而错失了几次提升的机会。

欲求过多的可怕之处，不仅在于它能摧毁有形的东西，而且它还能搅乱你的内心世界。你的自尊、你所遵守的原则，都可能在贪心面前垮掉。

人的贪欲，往往由比较而来。同样，人要寡欲，也可以由比较得到。人的欲望如同黑洞一样，没有填满的时候，如果任由其膨胀，则会由此生出许多烦恼。

如果能多看一看不如自己的人，和他们比较，而不是一味地和比自己强的人比较，那么一切不平之心也许就会平静下来。有时，我们不妨抱一种“比下有余”的人生态度。

有这样一个故事：有个青年人常为自己的贫穷而牢骚满腹。

“你具有如此丰富的财富，为什么还发牢骚？”一位智者问他。

“它到底在哪里？”青年人急切地问。

“你的一双眼睛，只要能给我你的一双眼睛，我就可以把你想得到的东西都给你。”

“不，我不能失去眼睛！”青年人回答。

“好，那么，让我要你的一双手吧！对此，我用一袋黄金做补偿。”智者又说。

“不，我也不能失去双手。”

“既然有一双眼睛，你就可以学习；既然有一双手，你就可以劳动。现在，你自己看到了吧，你有多么丰富的财富啊！”智者微笑着说道。

一个人对事事都感到不知足，是一件十分容易的事。然而，如果我们顺着贪欲前行，结果就会让我们养成懒散的坏习惯，我们会不再关注成功背后的付出，我们会不再关注自我现有的力量。如果我们从一开始就放弃那些不切实际的贪欲，从一点一滴做起，谨守自己的原则，贪欲自然就远离自己了，成功还会很遥远吗？

不因身外之物而误事

《菜根谭》上说：贪得的人，身上富有了，但心却一贫如洗；知足的人，身上虽然贫穷，但内心却很满足。

人只要有一点儿贪恋私利，就会销熔刚强变为软弱，阻塞智慧，使人变得昏聩，也会使仁厚变为狠毒、高洁变为下流，败坏一生的品行。生命如舟，载不动太多的物欲和虚荣，要想使之在抵达彼岸之前不至于中途搁浅，就必须减轻载重量，只取需要的东西，大舍大得，小舍小得，不舍不得。

一天，一个拥有无数钱财的吝啬鬼去牧师那儿乞求祝福。牧师让他站在窗户前看外面的街市，问他看到了什么，他说："人。"

牧师又把一面镜子放在他面前，问他看到了什么。他说："我自己。"

窗户和镜子都是玻璃做的，但镜子上镀了一层银。单纯的玻璃让我们能看到别人，而镀上银的玻璃却只能让我们看到自己。

这个故事告诉我们，镜子和玻璃只不过差了一层银，却带来了迥然不同的结果，人的眼睛常常被那层银所蒙蔽，只看见自己而看不见别人。虽然说，任何人在玻璃和镜子前面都会得出同样的结果，但是故事意在用吝啬鬼的故事告诉我们，如果我们像生活中的那些吝啬鬼一样，只见自己不见别人，是不会得到幸福的。

《醒世恒言》载：录事薛某，一日在高烧睡梦中梦见自己化为鲤鱼跃入湖中，遇一老者垂钓，终因难耐钩上之饵的诱惑，张嘴咬钩，遂成老者钩上物。冯梦龙点评说：薛录事被钓皆因"眼里识得破，肚里忍不过"，贪婪所致。

就人的本性而言，确实有其不知足的一面。古人有诗曰："古来芳饵下，谁是不吞钩？"纵观古往今来的"吞钩"者，几乎无一不是从贪心开始的，而每个"吞钩"者的背后，又几乎都能见到"钓鱼者"的影子。

《韩非子》云："千丈之堤，以蝼蚁之穴溃；百尺之室，以突隙之烟焚。"又云："贪如火，不遏则燎原；欲如水，不遏则滔天。"古今中外，多少高官显贵、权倾一方的风云人物因一时没有把持住，便失了足。纣王贪恋美色而失江山；三国时的杨仪为要官而被免职后自杀；刘青山、张子善由高官到死囚，更将"贪"字的含义诠释到了极致。与此相反，春秋书生柳下惠坐怀而不乱，南朝梁人甄彬不贪无义之金，元朝学士许衡拒食无主之梨。廉者常乐无求，贪夫永贪不足。廉者身后留下的是一片赞誉之声，贪夫的身后是千古骂名。

要想战胜"贪"，就要从拒小利做起，加强自身的思想道德修养，培养高尚的道德情操，增强自身对权、钱、色的免疫能力，用正确的世界观、人生观、价值观为人生导航。"青山本不老，为雪白头；绿水原无忧，因风而皱。"所谓"风"与"雪"皆为身外之物。人亦如此，切不可因身外之物而误人误己。

不可做欲望的奴隶

欲望永远不会被满足，适时从无尽的欲望中解脱出来，获得人生真正的宁静快乐，才是大智慧。

这是一个极具诱惑力的社会，这是一个欲望膨胀的年代，人们的心里总是塞满着欲望和奢求，追名逐利的现代人，总是奢求穿要高档名牌，吃要山珍海味，住要乡间别墅，行要宝马香车。一切都被欲望支配着。

法国杰出的启蒙哲学家卢梭曾对物欲太盛的人作过极为恰当的评价，他说："十岁时被点心、二十岁被恋人、三十岁被快乐、四十岁被野心、五十岁被贪婪所俘虏。人到什么时候才能只追求睿智呢？"的确，人心不能清净，是因为欲望太多，欲望的沟壑永远填不满，人心永不知足，没有家产想家产，有了家产想当官，当了小官想大官，当了大官想成仙……精神上永无宁静，永无快乐。

伟大的作家托尔斯泰曾讲过这样一个故事：有一个人想得到一块土地，地主就对他说，清早，你从这里往外跑，跑一段就插个旗杆，只要你在太阳落山前赶回来，插上旗杆的地都归你。那人就不要命地跑，太阳偏西了还不知足。太阳落山前，他是跑回来了，但人已精疲力竭，摔个跟头就再没起来。于是有人挖了个坑，就地埋了他。牧师在给这个人做祈祷的时候说："一个人要多少土地呢？就这么大。"

人生的许多沮丧都是因为你得不到想要的东西。其实，我们辛辛苦苦地奔波劳碌，最终的结局不都是只剩下埋葬我们身体的那点土地吗？伊索说得好："许多人想得到更多的东西，却把现在所拥有的也失去了。"这可以说是对得不偿失最好的诠释了。

其实，人人都有欲望，都想过美满幸福的生活，都希望丰衣足食，这是人之常情。但是，如果把这种欲望变成不正当的欲求，变成无止境的贪婪，那我们就无形中成了欲望的奴隶。在欲望的支配下，我们不得不为了权力，为了地位，为了金钱而削尖了脑袋向里钻。我们常常感到自己非常累，但是仍觉得不满足，因为在我们看来，很多人比自己的生活更富足，很多人的权力比自己大。所以我们别无出路，只能硬着头皮往前冲，在无奈中透支着体力、精力与生命。

扪心自问，这样的生活，能不累吗？被欲望沉沉地压着，能不精疲力竭吗？静下心来想一想，有什么目标真的非让我们实现不可，又有什么东西值得我们用宝贵的生命去换取？朋友，让我们斩除过多的欲望吧，将一切欲望减少再减少，从而让真实的欲求浮现。这样，你才会发现真实的，平淡的生活才是最快乐的。拥有这种超然的心境，你就能做起事来，不慌不忙，不躁不乱，井然有序。面对外界的各种变化不惊不惧，不愠不怒，不暴不躁。而对物质引诱，心不动，手不痒。没有小肚鸡肠带来的烦恼，没有功名利禄的拖累，活得轻松，过得自在。白天知足常乐，夜里睡觉安宁，走路感觉踏实，蓦然回首时没有遗憾。

古人云："达亦不足贵，穷亦不足悲。"当年陶渊明荷锄自种，嵇叔康树下苦修，两位虽为贫寒之士，但他们能于利不趋，于色不近，于失不馁，于得不骄。这样的生活，也不失为人生的一种极高境界！

人生好像一条河，有其源头，有其流程，有其终点。不管生命的河流有多长，最终都要到达终点，流入海洋，人生终有尽头。活着的时候，少一点欲望，多一点快乐，有什么不好？

成功做人需要知足

知足，是一种成功做人的艺术，它小半出于无奈，大半则源于内在精神世界的充实丰富，以及应付人生世事的自如圆熟。你要懂得，知足或不知足，都不是生活的目的；人生的目的应当是寻求既有生活的快乐。知足如果能够常乐，则不妨知足。

每每谈起知足，人们总以为那是人的惰性流露，其实不然。人生常常是无奈的，有时候会被迫置身于极不情愿的生活境遇里，甚至会落到万念俱灰的地步，但是一旦他能想到自己好歹还有幸拥有一个可爱的人生，便又知足地笑起来：“留得五湖明月在，何愁无处下金钩”“留得青山在，不怕没柴烧”。

还有另一种知足，既不是人的惰性流露，更不是对世事变化的无奈，而是由于我们的人生很圆满，做到了很多想做的事，也实现了很多自己想完成的心愿，最后悟透了人生的真谛，原来就是恬淡地生活于常态之中，不过分追求其他。

有一次，孔子游泰山时，遇到一位高人，不知何年生，不知何处来，鹿裘带索，鼓琴而歌。孔子就问他道：“先生何乐也？”对曰：“天生万物，人为贵，吾得为人，一乐也；男女有别，男为尊，吾得为男，二乐也；人生有不见日月、不免襁褓者，吾既已行年九十矣，三乐也。贫者士之常，死者人之终，居常以待终，何不乐也？”

由此可见，深层次的知足是我们在深刻理解生活真谛之后的必然选择。

人的欲望是永无止境的，俗话说：“猛兽易伏，人心难降；沟壑易填，人心难满。”在现实生活中，“足”是相对的、暂时的，以“足”为不懈追求的目标，那么他所得到的结果将是永远的不足。如果一个人以“不足”为生活的事实而予以理解和接纳，那么他对生活的感受反倒是足的。

知足是一个人自觉协调人心无限欲望与现实有限条件两者关系的过程，它用什么来协调？答案是用“知”来协调。足与不足是物性的，而知与不知则是人性的。以人性驾驭物性，便是知足；让物性牵制人性，就是不知足。足不足在物，非人力所能勉强；知不知在我，非贫富所能左右。一个人对事事都感到不知足，是一件十分容易的事，并不需要主观上的任何努力，因为不知足正是人的欲望的唯一特征。所以，不知足是本然的、顺情的；而知足倒是自觉的，需要用修养和意志控制的和勉为其难的。当你步行在街道上，看到一辆辆擦身而过的漂亮轿车时，当你身居斗室，望着窗外一幢幢摩天大楼的闪闪灯火时，因羡慕、嫉妒油然而生的不知足，无须吹灰之力便不招自至了。而要摆脱这些情绪的纠缠，今晚依然知足地卧床酣睡，明晨照样知足地挤车上班，却是很不容易的。

一个乡下人与城里人相比，往往更会感到很知足。城里人西装革履，住高楼大厦，尚不免满腹牢骚；而一个老农只要有粗茶淡饭果腹，有简陋房屋安居便会心满意足了。如果城里人因此对乡下人颇感不屑并自以为高人一等，那实在很好笑。这样的城里人反过来拿自己与物质生活水平更高的外国人相比，必然会产生另一种自卑与不足感。

做人的要务是寻求生活本身的幸福和快乐，而不是去计较这种生活究竟属于“贫民窟”，还是“富贵乡”？

有效管理自己的欲望

人人都有欲望，合理的欲望促人奋进，不合理的欲望使人堕落，不能管理自己欲望的人很容易成为欲望的奴隶，只有有效控制欲望为己所用，才能获得身心的双重满足。

按照叔本华的理论，如愿以偿永远没有满足的时候，对理想最致命的打击莫过于理想的实现了。“得到满足的激情所带来的常常是不幸，很少是幸福。”而且一个欲望实现又会产生另一个欲望，如此生生不息。

人的欲望，是一个人的本性问题。欲望指的是人们对已有的从不满足，总想获得更多或不同的东西。每个人都有自己的欲望，只不过大小不同而已。在人的内心里充满着无限的欲望，永远没有满足的时候，就连古代的皇帝，也是逃脱不了被自己内心欲望包围的痛苦。想想作为至高无上的皇帝，整个天下掌握在自己手中，要什么有什么，应该不会再有什么不满足的吧？但他还是有的，有的皇帝费尽心思要去追求什么长生不老，不懈地寻找各种灵丹妙药。作为皇帝都欲无止境，更何况普通人呢？

有一则故事很耐人寻味：

小乌龟们不听大乌龟的警告，到水草肥美之处嬉戏觅食，结果被人或网或钓，能幸存者寥寥。大乌龟问其故，幸存的小乌龟们却满不在乎地说：“我们也没有看见有人呀，只是有些长长的线追在我们身后罢了。”大乌龟为了让孩子们认识到问题的严重性，便给他们讲了一个故事：大月支国的小马驹看到人们用酥油煎麦喂猪，而自己却吃草和泔水，心中十分羡慕。母马便对小马驹说：千万不要羡慕。只要人们让猪吃酥油煎麦了，那猪的死期也就快到了。果然到了春节，那些被酥油煎麦喂肥了的猪一个个被捆着杀了。

在现实生活中，常常可以听到某某官员贪污受贿几百万、几千万甚至上亿元的新闻报道，看着都让人心惊肉跳，他们为什么会陷入犯罪的深渊以至于让自己不可自拔的呢？其实，说起来很简单，就是自己的欲望、那无穷无尽的欲望在作怪。这个欲望是被自己一点点地放大的。说起来，那些官员也是常人，作为常人，刚开始的时候，并没有那么大的欲望，只不过在自己手里，能够有贪一点意外之财的机会，通过贪污受贿一点意外之财能满足自己起初的一点并不大的欲望，让自己的内心得到了那么一点点的满足。然而，人就是奇怪，贪污了几万，就想着贪污十几万；贪污了十几万后，又想着能拿更多的钱，如此反复，这个欲望最终被自己慢慢地放大，欲望也变得越来越强烈。这贪财的欲望犹如吸鸦片上瘾一样，越到后来瘾头越重，终使他们进入了一个万劫不复的境地，以至于让自己不能自拔，造成了无法挽回的结果。

欲望无止境，此乃人性，人本身是欲望性的动物，而欲望源于社会的发展和人的进化，因此，作为我们人来说永远也无法满足自己。读书的时候，想着能考上一所大学就好了；考上大学以后，又想着将来能找到一份好工作就行了；好不容易找到一份轻松的工作后，又希望着工资待遇好一点就可以了；一个偶然的机会，工资待遇提升了，又会去想着自己的工资待遇能再提升该有多好……当然这其中还有其他很多的欲望。不过，人的欲望不止包括金钱物质方面的东西，还包括其他比较广泛的事情，比如说人的食欲、求知欲、对美的追求等等。欲望有正反两面，追求良好的欲望会使自己的人生得到升华，追求不好的欲望则会使自己的人生走向堕落。无论什么样的欲望，欲望的实现和满足都会给自己带来一定的愉悦和快感，欲望满足的过程本身就是一个快乐的过程。我们需要做的就是对欲望进行合理的控制、引导和管理，让自己在欲望的实现中得到一种快乐和满足，在欲望的实现中彰显自己的人生价值和社会价值。人之所以不幸，还因为一旦斗争结束，厌倦将同痛苦一样令人难以忍受。“需要和痛苦一旦容人稍事休息，无聊就接踵而至，这样，人就势必又要排遣烦闷了。”

贪是人类内心对外界事物无止境的欲望。一个“无止境”，道出了贪者的心理源头。对某些事物的追求，是人们正常的内心需要，正如饥饿者渴望能够饱餐一顿，贫穷者渴望得到一笔钱财一样，本是无可厚非的。但是倘若一个饥饿者在享受了一顿美餐之后，还想要一座银山；贫穷者在得到一笔钱财之后，还想要一座金山，这便是“贪”了，因为他的希求超出了一定的限度而变成无休止的欲望了。凡世的人，只要生活在社会这个大环境里，都会受到感染，问题的关键是人是有自制能力的高级动物，应当在理性的调控下适可而止，在得到该得的东西之后，对不该得的就不要有非分之想。

以前，曾经听过这样一个关于幸福的故事：

一个富人和一个穷人在一起谈论什么是幸福。穷人说："幸福就是现在。"富人望着穷人的茅舍、破旧不堪的衣着，轻蔑地说："这怎么能叫幸福？我的幸福可是百间豪宅、千名奴仆啊。"有一天，一场大火把富人的百间豪宅烧得片瓦不留，奴仆们各奔东西。一夜之间，富人沦落为乞丐。烈日炎炎，汗流浃背的乞丐路过穷人的茅舍，想讨口水喝。穷人端来一大碗清凉的水，问他："你现在认为什么是幸福？"乞丐眼巴巴地望着那碗水说："幸福就是你手中的这碗水。"

幸福是什么？每个人都会追求幸福快乐的人生，尽管每个人对人生和幸福的理解各自不同。有的人的幸福源于一辆漂亮的跑车，和车子在一起他就会找到征服世界的快感；有的人的幸福来自于一幢装修豪华的大房子以及在房子里遥望城市的那种一览众山小的感觉；有的人把大把钞票作为幸福的目标，他们觉得有钱就快乐无比；有的人则认为幸福就是拥有一个和自己分享快乐的爱人，携手并肩走过人生的春夏秋冬；有的人把事业的追求作为人生幸福的真谛；还有的人把结识朋友作为幸福的源泉，拥有朋友就是他一生的最大幸福。

虽然，每个人对幸福都有不同的理解，也有不同的标准，幸福其实就是一种感觉，一种心情，你感觉到了，便是拥有。幸福与金钱、权力、地位不一定成正比。富翁不见得就比穷人更幸福，拾荒者与大明星完全可以拥有同等的幸福。在这个世界上，人的欲望没有满足的时候，越是富有的人，其占有欲也越强烈。人世间的痛苦大多数来自于欲望的不满足——通过物质的快乐企图来满足精神的快乐是不可能的。而欲望本身又没有满足的时候，所以我们每个人都要学会认真、正确地对待来自各个方面的欲望，好的方面督促自己奋发进取，以正当的手段来满足自己的欲望，不好的方面要及时加以克制和改正，使自己成为一个品德高尚、清正廉洁的真君子。

正确对待功名利禄

功成名就，名利双收是每个人梦寐以求的目标，得到了欣喜若狂，失去了忧伤郁闷。但往往欣喜不能长久，忧伤却长期不能摆脱，患得患失的结果就是内心永远感受不到幸福。真正有智慧的人对待功名利禄的态度总是异于常人，得之不喜，失之无忧，来去自如，心情却永远恬淡安宁。

谈到做官，很容易让人联想到名利得失。但仔细想来，古往今来有许多做大官的人都把个人得失看得很淡，不太在意个人的荣誉名利。

在荣辱问题上，做官的人如能做到“难得糊涂”“去留无意”，这才叫潇洒。一个人，当你凭自己的努力、实干，靠自己的聪明才智获得了应得的荣誉、奖赏、众人的爱戴与夸赞时，应该保持清醒的头脑，有自知之明，切莫受宠若惊，自觉高人一等。荣辱不过是一时的东西，不必太过在意。当如古人阮籍所云：“布衣可终身，宠禄岂足赖。”荣誉只能说明过去，不值得夸耀，更不足以留恋。

生活中往往有一种人，他们肯于辛勤耕耘，但往往经不起鲜花和掌声的诱惑，一旦有了点儿荣誉、地位，就沾沾自喜、飘飘欲仙。甚至以此为资本，争这要那，不能自持。更有些人，“一人得道，鸡犬升天”，居官自傲，横行乡里。这些人就是被名誉、地位冲昏了头脑，忘乎所以了。

曾有人言：“得而不喜，失而不忧。”得到了荣誉不必狂喜狂欢，失去了也不必耿耿于怀、忧愁哀伤。这里面蕴涵着一个哲理，即得失的界线不会永远不变。一切功名利禄都不过是过眼云烟，得而失之、失而复得的情况都是经常发生的，意识到一切都可能因时空转换而发生改变，就能够把功名利禄看淡、看轻、看开，做到“荣辱毁誉不上心”。

有的人在荣誉面前也许能经得起考验，但他却未必能经受得住屈辱和打击。屈辱常常就像一根针一样，扎入弱者的心肺，迅速地打垮了他们；而打击则如大山，在打击面前很少有人能够再抬起头来。然而，古语有云：“富贵不能淫，威武不能屈。”“宁为玉碎，不为瓦全。”“士可杀不可辱。”这些都是对古往今来那些英雄豪杰的赞美之词。面对邪恶，为了正义，宁死不屈，以死论证伟大的人生和高尚的人格，这才是至高无上的优秀品格。

在某些特殊情况下，由于对方太强大，我们不能给对方以打击，“忍辱”就很有必要。为了真理和正义，为了更多的人赢得荣誉和胜利，就需要自己忍辱负重。众所周知《红岩》中的华子良，装疯卖傻那么多年，遭到敌人侮辱，也遭到同志轻蔑，为的就是要在关键时刻营救战友。这种人的意志非常坚强，虽然他没有同敌人作殊死的战斗，但其荣辱观同样伟大高尚。

在现代商业社会，要真正做到完全脱离物质而一味追求人格高尚纯洁，确实很难。但是，如果有了人格上的追求，起码可以活得轻松潇洒些。他不会轻易因外物而动摇，不会为了一次晋级、一次调房、一次加薪而与他人闹得不愉快，更不会为了功名利禄而趋炎附势，违心地出卖灵魂，做出丢失人格的事情。现实生活中，每个人都可能有一两次这样的经历和体会，当你放弃名利，保住人格时，那种欣喜和愉悦是发自肺腑的。一个坦坦荡荡、人格高尚的人，他的内心是宁静的；而蝇营狗苟的小人，其内心永远得不到平静。

对荣辱取舍的标准反映了人的追求，也影响到人对苦乐的感受。有荣则乐、有辱则悲是人之常情，因此，树立什么样的荣辱观，同如何看待得失问题一样，其实就是一个人的人生态度。

忍住诱惑方能成功

诱惑有可能是利益，也可能是陷阱，如果不深思熟虑就匆匆上钩，就好像争着吃饵的鱼，迟早是餐桌上的美餐。有智慧的人面对形形色色的诱惑，永远也会像不懂诱惑为何物的人一样表面不动声色，其实是在等待机会谋定而后动。

美国一家心理学院做了一个实验，他们把 30 个孩子叫在一起，然后给他们每人一个糖果，然后对他们说："现在我们要出去一会，要是在我回来之前谁的糖果还没有吃的话，我会再给他一个糖果。"半个小时后第一个小朋友忍不住将糖果给吃了，接下来陆续有人做了同样的事。等到人们回来时，只有极少数的小孩没有吃糖，于是按要求给了他们每人一块糖果。研究远远没有结束，心理学家一直观察着那些孩子，等到他们长大成人，心理学家发现那些半途将糖果吃掉的小孩多数碌碌无为，而那些一直坚持到最后的小孩都做出了一番大事业。

这样的一个实验告诉我们：在一个人的一生中，最大的苦难或许并不是我们常说的挫折、失败等，而是我们自己心中的那颗被诱惑的心，是它们在时时刻刻地挑逗我们身上的欲望，让我们在欲望中碌碌无为，让我们沉浸在欲望之中。只有那些能够忍受住欲望的人，才能够不断成功，而最终成就一番大事业。这里所谓的忍耐并不是战胜，因为人不可能战胜人性的本能——欲望，所谓的忍耐只是坚持，虽然这样的忍耐会让你痛苦、让你倍受折磨，但一旦你真的能够抵制诱惑，就必然可以成为一个人才，成为一个成功的人。

在这个物质充裕整个人脑的社会里，处处充满了各种诱惑，好环境、高工资、更好的机遇、广阔的发展前景……但这样的诱惑并不是好事，它随时有可能让我们掉进陷阱里，再也出不来。各种各样的诱惑会让我们背叛自己信守的道德、情感和原则，背叛自己的朋友。在现在的公司里，就有很多这样的员工，为了自己的一己之私，而将公司的商业机密出卖给他人，这样不仅会损害老板和公司的利益，同样也可能将自己推向悬崖之巅，再无后路可退了。而反之，如果能够忍受住各种各样的诱惑，能够忠心耿耿地为公司工作的话，就必然可以得到公司领导的认可，就必然可以在职场上一步步高升。

小张是一家金属冶炼厂的技术骨干，由于工厂准备调整发展方向，小张觉得工厂不再适合自己，他准备换一份工作。鉴于小张原来工厂在行业上的影响力以及他自身的能力，他决定去全国最大的金属冶炼公司应聘。

负责面试小张的是该公司负责技术的副总，他对小张的能力没有任何挑剔，但是却向他提出了一个要求：把原来厂家研究的进展情况和取得的成果告诉我们。但是小张拒绝了，小张身边的人都为他的回答感到惋惜，因为这家企业的影响力和实力比他原来的工厂要大得多，在这里工作是无数人梦寐以求的，但是小张却放弃了这个绝好的机会。

就在小张准备去另一家公司应聘的时候，那位副总给小张来了一封信，在信中他写道："张先生，你被录取了，并且是做我的助手，不仅因为你的能力，更因为你时时刻刻都为自己的企业保守商业机密，你很棒！"

小张最后之所以能够得到副总的青睐，其主要原因正是由于他能够忍受住诱惑，替别人保守商业秘密，即使他已经不再是那个公司的人，但依然可以做到保守他人商业机密，这样的人要是进了自己的公司，同样会为了这个公司的利益而对其商业机密守口如瓶。反之，如果当时小张应副总的要求，把他以前公司的进展情况告诉副总的话，他很有可能就没有办法获得那份工作，或者即使他能够留在那个公司，也不可能从事机密工作，也不可能做长久。每个公司需要的都是像小张这样的职员，在任何情况下都能够对公司商业机密保密，能够忍受住金钱、权力及其他诱惑，保持对公司的忠心，尽力保守企业和老板的机密，对公司的各种事情都不随便张扬，守口如瓶，保障企业老板的最大利益。这样的人才能够迅速找到工作，并迅速得到提升。

其实，无论是在职场上还是在我们日常的工作生活中，无论是对公司老板、对企业还是对我们的朋友，我们都应该要忍受住金钱、权力等的诱惑，都应该保持着对别人的忠心，都应该能够牢牢地守住他人的秘密，而不应该为了自己的一己私利，损害他人的利益，将别人的劳动成果拱手让人。如果你没有办法做到这一点，或许你会因为当时出卖了他人的信息而获得一笔丰厚的收入，但是以后呢？如果别人都知道了你的品性，还会有人相信你吗？还会有人将他们的机密告诉给你吗？而同样因为这样的污点，你也就很难再去找一份好的工作。如果对于任何人、任何事你都可以忍受住诱惑，可以替他人保守秘密，或许你会失去一时的机遇，但要相信，因为你的这种能为他人保守秘密的行为，能对别人忠心的行为，必然可以得到更多人的青睐，你必然会成为公司的核心人物、老板面前的大红人。

不去随意进行攀比

大千世界，造化万千，正因为各个物种形色殊异，才显得色彩缤纷、生机勃勃。有智慧的人知道顺应这种造物的不同，不去强求一致，才能心无旁骛的做好自己，成为出类拔萃的人。

有一个国王，每天都有政事要办，但是他很烦这些公务，常常感到心力交瘁，因此，他非常羡慕那些没有继承王位的自己的兄弟。有一天，国王独自到花园里散步，使他万分惊诧的是，花园里一片萧条，所有的花草树木都枯萎了。

国王就挨个儿询问，才知道原因是什么。

橡树由于没有松树那么高大挺拔，因此不停地向上拔自己，最后导致自己的根脱离了土地。松树因自己不能像葡萄那样结许多果子而很难过，就慢慢地枯萎了。葡萄本来是松树的偶像，可它哀叹自己终日匍匐在架子上，不能直立，不能像桃树那样开出美丽可爱的花朵，于是也死了。牵牛花也病倒了，因为它哀叹于自己没有紫丁香那样的芬芳。

其余的植物也都垂头丧气、没精打采。

国王询问了一圈儿，最后发现，在他的脚边还有一种顶细小的草在旺盛地生长。

国王问道："小草啊，你叫什么啊？"

"我叫心安草。"小草回答。

"别的植物全都枯萎了，为什么你这么勇敢乐观，毫不沮丧呢？"

小草回答说："我一点儿都不灰心失望，因为我知道，每一种植物都有它自己的特点。松树的特点是高大而四季常青，葡萄的特点是会结许多果实，可以用来酿美酒，紫丁香的特点是会开出芬芳绚烂的花朵。它们各有优点，又各有不足。我不和它们比什么，我就是一株普通的心安草，我有自己快乐的生活。"国王听到这里后，突然明白了：自己是一国之君，享有了国王的尊严，就必然要为国家负责，因此，每天的政事也就是正常的了，何必要为这个而烦恼不已呢？后来，他把这个国家治理得井井有条。

在现实生活中，每一个人都有自己的特点，也总会有不同的分工，大家做着不同的事情，扮演着不同的角色，生活自然也就不同。也许，你有的东西，别人未必有，别人有的，你也未必有。我们都活在自己的生活中，享受着自己的那一份独特的快乐，没有必要羡慕别人什么。

然而，生活中总有很多人为不同的事情而烦恼，他们会埋怨自己的收入比别人少，埋怨自己的房子比别人小，甚至会埋怨自己的父母不如别人的父母有权、有钱。然而，他不知道，别人也在羡慕他的生活有多逍遥，羡慕他和家人的生活有多温馨。

攀比，往往让我们徒增烦恼。我们不管怎么努力，都不可能活在别人的生活中。所以，最好的办法就是正视现实，做好自己，让自己的生活更有滋味、更完满。

在一艘船上，有船长，有大副、二副，还有船员，大家根据自己的才能来做不同的工作。不可能人人都当船长，必须有人来当水手；不可能人人都当将军，还要有人去做哨兵。重要的不在于你做什么，而是你能否成为一个最好的你！所以第一件要记住的事就是：接受你自己。

驱除自己能力之外的物欲

国学大师林语堂也曾经说过："满足的秘诀，在于知道如何享受自己所有的，并能驱除自己能力之外的物欲。"

前几天和朋友聊天，朋友说正为这一段时间老是做恶梦而痛苦。问及所梦内容，几乎全是梦见为了一点私利而与别人纠缠不休，甚至大打出手，好生苦恼。我便装作行家，为之解梦，劝他最近放下手中的生意，到处走走，躲一下"小人"，便可不再做恶梦。

朋友心中有事，自然不得清闲，即使在睡梦中也一样。而醒来时，更是驱赶此身，作无尽的追求。当时没敢与朋友直言，其实真正的"小人"是自己，是自己白日里老是想着为了蝇头小利去与人纠缠，所以才梦里不得安宁。如果整天为名利所累，万事扰心，不得安宁，即便物质生活上锦衣玉食，但精神压力不能排解，也只能悉苦万端。

古语说："天下熙熙，皆为利来；天下攘攘，皆为利往。"利当然是社会发展最有效的润滑剂，但不可过于看重名利，过于为名利奔波不休。

随着商品经济的发展，我们每个人都生活在讲究效益的环境里，完全不言名利也是不可能的，但应正确对待名利，最好是"君子言利取之有道，君子求名，名正言顺"。

当然，最好的活法还是淡泊名利。因为名字下头一张嘴，人要是出了名，就会招为嫉妒，受人白眼，遭到排挤，甚至有可能由此而种下祸根。

正如古语所说："木秀于林，风必摧之；唯高于岸，流必湍之；行高于人，众必非之。"而利字旁边一把刀，既会伤害自己，也可能伤害别人，小利既伤和气又碍大利。如果认为个人利益就是一切，便会丧失生命中一切宝贵的东西。

人生待足何时足？名利是无止境的，只有适可而止，才能知足常乐。其实心是人的主宰，名利皆由心而起，心中名利之欲无休止的膨胀，人便不会有知足的时候。欲望就像与人同行，见到他人背有众多名利走在前面，便不肯停歇，而想背负更多的名利走在更前面，结果最后在路的尽头累倒。知足者能看透名利的本质，心中能拿得起放得下，心境自然宽阔。

一个人如若养成看淡名利的人生态度，面对生活，他也就更易于找到乐观的一面。但许多人口口声声说将名利看得很淡，甚至做出厌恶名利的姿态，实际是内心中无法摆脱掉名利的诱惑而做出自欺欺人的姿态，未忘名利之心，所以才时时挂在嘴边。好作讨厌名利之论的人，内心不会放下清高之名，这种人虽然较之在名利场中追逐的人高明，却未能尽忘名利。这些心口不一的人，实际上内心充满了矛盾，但名利本身并无过错，错在人为名利而起纷争，错在人为名利而忘却生命的本质，错在人为名利而伤情害义。如果能够做到心中怎么想，口中怎么说，心口如一，本身已完全对名利不动心，自然能够不受名利的影响。那么不但自己活得轻松，与人交往也会很轻松了。

淡泊方以明志

明祸福之道，离是非之地，自古以来就是智者所应懂得的道理。

懂得功成身退，远离祸患是智慧。在这方面，战国时期的范蠡可谓是最有心得的人。

灭吴之后，越王勾践与齐、晋等诸侯会盟于徐州（今山东滕县南）。当此之时，越军横行于江、淮，诸侯毕贺，号称霸王，成为春秋战国之交争雄于天下的佼佼者。范蠡也因谋划，官封上将军。

灭吴之后，越国君臣设宴庆功。群臣皆乐，勾践却面无喜色。范蠡察此微末，立识大端。他想：越王勾践为争国土，不惜群臣之死；而今如愿以偿，便不想归功臣下。常言道：大名之下，难以久安。现已与越王深谋二十余年，既然功成事遂，不如趁此急流勇退。想到这里，他毅然向勾践告辞，请求隐退。

勾践面对此请，不由得浮想联翩，迟迟说道："先生若留在我身边，我将与您共分越国，倘若不遵我言，则将身死名裂，妻子为戮！"政治头脑十分清醒的范蠡，对于世态炎凉品味得格外透彻，明知"共分越国"纯系虚语，不敢对此心存奢望。他一语双关地说："君行其法，我行其意。"

事后，范蠡不辞而别，带领家属与家奴，驾扁舟，泛东海，来到齐国。范蠡一身跳出了是非之地，又想到风雨同舟的同僚文种曾有知遇之恩，遂投书一封，劝说道："狡兔死，走狗烹，飞鸟尽，良弓藏。越王为人，长颈鸟喙，可与共患难，不可与共享乐，先生何不速速出走？"

文种见书，如梦方醒，便假托有病，不复上朝理政。不料，樊笼业已备下，再不容他展翅起飞。不久，有人乘机诬告文种图谋作乱。勾践不问青红皂白，赐予文种一剑，说道："先生教我伐吴七术，我仅用其三就已灭吴，其余四术深藏先生胸中。先生请去追随先王，试行余法吧！"要他去向埋人荒冢的先王试法，分明就是赐死。再看越王所赐之剑，就是当年吴王命伍子胥自杀的"属镂"剑。

文种至此，一腔孤愤难以言表，无可奈何，只得引剑自刎。

《越绝书》卷六评曰：“（文）种善图始，（范）蠡能虑终”；又云：“始有灾变，蠡专其明，可谓贤焉，能屈能伸。”观文种、范蠡二人不同结局，可知此言不诬。

范蠡的智慧不仅在从政方面，也表现在对时局大势的判断方面。在他看来，从政和务农、经商，事虽殊途，其理却有相通之处。范蠡的聪明才智在于他把握其中的奥秘，使其同归于一，从而能左右逢源，立于经久不败之地。

范蠡早年曾师事计然，研习理财之道。他认为，由于供求上的有余和不足，促使物价有贵、贱变化，因此应随时掌握社会余缺及需求。譬如：旱则备车乘，涝则备舟楫。农、工、商三业，均有各自的重要地位，又相互联系。比如米谷价格，谷贱则挫伤农夫的生产兴趣，谷贵则损害工商的切身利益。损害工商则财源不出，挫伤农夫则田野得不到垦辟。米谷价平，则农工商俱利。平粜齐物，则关市不乏。这就是治国理财的大道。

远在春秋时期，范蠡竟具有如此完备的经济思想和商业理论，无疑是十分难得的。正是由于此，他到齐国之后，便隐姓埋名，自称鸱夷子皮，改业务农。他想：越国用计然之策既能称霸强国，我用此术也必能齐家致富。于是，他举家同心协力，躬耕于海畔。不久，家产累计数十万。

齐人见范蠡贤明，欲委以大任。范蠡却喟然长叹说：“居官至于卿相，治家能致千金，久受尊名，终为不祥。”于是，他散其家财，分予亲友乡邻，然后怀带重宝，悄然出走。范蠡辗转来到陶（今山东定陶西北），再次变易姓名，自称为朱公。他认为陶居天下中心，四通八达，便于交易，遂以经商为业，每日买贱卖贵，与时逐利，19年间，三致千金。时人凡论天下豪富，无不首推陶朱公。

综观范蠡一生，真可谓大智大慧之人，虽有超人之才，却从不以此争名夺利。他深知政治斗争的险恶，更知晓事君左右的危险，于是善于审时度势的他总是将自己隐匿起来，低调行事，经营于民间。即便财满物丰之时也从不炫耀，而是散财于民，重新投入市井，平淡经营，以求平安。范蠡如此低调做人，淡泊明志，可谓生存的大智慧。

适可而止，见好就收

满则溢、盈则亏、盛则衰，这是千古不变的道理，是事物发展的客观规律，非人力所能扭转。有智慧的人所能做的就是张弛有度，适可而止，不急着去碰触那个顶峰，同时也是转折点，使自己永远保持在将满未满、似盈非盈的状态，永远给自己留有余地。

世事如浮云，瞬息万变。不过，世事的变化并非无章可循，而是穷极则返，循环往复。《周易·复卦·象辞》中说："复，其见天地之乎！""日盈则昃，月盈则食"，中国人从周而复始的自然变化中得到心灵的启示："无来不陂，无往不复"，老子要言不烦地概括为："反者道之动。"人生变故，犹如环流，事盛则衰，物极必反。生活既然如此，安身立命应处处讲究恰当的分寸。过犹不及，不及是大错，大过是大恶，恰到好处的是不偏不倚的中和。基于这种认识，中国人在这方面表现出高超的艺术。常言说："做人不要做绝，说话不要说尽。"廉颇做人太绝，不得不肉袒负荆，登门向蔺相如谢罪。郑伯说话太尽，无奈何掘地及泉，随而见母。凡事留一线，日后好见面。凡事都能留有余地，方可避免走向极端。特别在权衡进退得失的时候，务必注意适可而止，尽量做到见好就收。

一个聪明的女人懂得适度地打扮自己，一个成熟的男子知道恰当地表现自己。美酒饮到微醉处，好花看到半开时。明人许相卿说："富贵怕见花开。"此语殊有意味。言已开则谢，适可喜正可惧。做人要有一种自惕惕人的心情，得意时莫忘回头，着手处当留余地。此所谓"知足常足，终身不辱，知止常止，终身不耻。"宋人李若拙因仕海沉浮，作《五知先生传》，谓安身立命当知时、知难、知命、知退、知足，时人以为智见。反其道而行，结果必适得其反。

君子好名，小人爱利，人一旦为名利驱使，往往身不由己，只知进，不知退。尤其在古代，不懂得知可而止，见好便收，无疑是临渊纵马。封建君王，大多数可与同患，难与处安。做臣下的在大名之下，难以久居。故老子早就有言在先："功成，名遂，身退。"范蠡乘舟浮海，得以终身；文种不听劝告，饮剑自尽。此二人，足以令中国历史臣宦者为戒。不过，人的不幸往往就是"不识庐山真面目"。

任何人不可能一生总是春风得意。人生最风光、最美妙的时刻也是最短暂的时光。花无百日红，人无千日好。就像搓牌一样，一个人不能总是得手，一副好牌之后就是坏牌的开始。所以，见好就收便是最大的赢家。世故如此，人情也是一样。与人相交，不论是同性知己还是异性朋友，都要有适可而止的心情。君子之交淡如水，既可避免势尽人疏、利尽人散的结局，同时友谊也只有在平淡中方能见出真情。越是形影不离的朋友越容易反目成仇。受恩深处宜先退，得意浓时便可休。即使是恩爱夫妻，天长日久的耳鬓厮磨，也会有爱老情衰的一天。北宋词人秦少游所谓"两情若是长久时，又岂在朝朝暮暮"，这不只是劳燕两地的分居夫妇之心理安慰，更应成为终日厮守的男女情侣之醒世忠告。

乐不可极，乐极生悲；欲不可纵，纵欲成灾。乐极生悲一语几乎妇孺皆知，但一般人对它的理解，往往因快乐过度而忘乎所以、头脑发热、动止失矩，结果不慎发生意外，惹祸上身，化喜为悲。凡读过王羲之的《兰亭集序》，大致上可以领悟乐极生悲的含义。在崇山峻岭、茂林修竹的雅致环境里，从贤毕至，高朋会聚，曲水流觞，咏叙幽情，这是何等快乐！王羲之欣然记得："是日也，天朗气晴，惠风和畅。仰观宇宙之大，俯察品类之盛，所以游目骋怀，足以极视听之娱，信可乐也。"但是，就在"快然自足，曾不知老之将至"之时，突然使人产生了万物"修短随化，终期于尽"的悲哀，于是情绪一转："及其所之既倦，情随事迁，感慨系之矣！向之所欣，俯仰之间，已为陈迹，犹不能不以之兴怀。"这是真正的乐极生悲。

类似的心情变化可以在苏东坡的《前赤壁赋》中进一步得到印证。苏东坡与客泛舟江上，"饮酒乐甚，扣舷而歌"，这本来是很快活的，偏偏乐极生悲，"客有吹洞箫者，倚歌而和之"，其声偏偏又呜呜然。"如怨如慕，如泣如诉"，这八个字真是把一个人由乐转悲之后的难言心境写绝。饮酒本是一件乐事，但多愁善感的人饮酒，往往会见物生情，情到深处反添恨。正如司马迁所说："酒极则乱，乐极生悲，万事尽然。"

乐极生悲概括地讲，是一个人对生命的热爱和留恋而生出的惘然和悲哀；详情而言，是一个人对生活中好花不常开，好景难常在的无奈和怅怀。人的情绪很难停驻在静止的状态，人对世事盛衰兴亡的更替习以为常之，心境喜怒哀乐的轮回变换也成为自然，人在纵情寻乐之后，随之而来的往往是莫名其妙的空虚伤怀，推之不去避之不开，因为欢乐和惆怅本来就首尾并列。所以庄子在“欣欣然而乐”之后感叹：“乐未毕也，哀又继之。”人只有在生命的愉悦中才能体会真正的悲哀。真正的丧亲之痛，不在丧亲之时，而在合家欢宴，或睹旧物思亡人的那一瞬间。人在悲中不知悲，痛定思痛是真痛。

在生活悲欢离合、喜怒哀乐的起承转合过程中，人应随时随地、恰如其分地选择合适自己的位置。孔子说：“贵在时中！”时就是随时，中就是中和。所谓时中，就是顺时而变，恰到好处。正如孟子所说的：“可以仕则仕，可以止则止，可以久则久，可以速则速。”鉴于人的情感和欲望常常盲目变化的特点，讲究时中，就是要注意适可而止，见好就收。

一个人是否成熟的标志之一是看他会不会退而求其次。退而求其次并不是懦弱畏难。当人生进程的某一方面遇到难以逾越的阻碍时，善于权变通达，能屈能伸，心情愉快地选择一个更适合自己的目标去追求，这事实上也是一种进取，是一种更踏实可行的以屈为伸，以退为进。力能则进，否则退，量力而行。自不量力是安身立命的大敌。当一个人在一种境地中感到力不从心的时候，退一步反而海阔天空。适可而止，见好便收，是历代智者的忠告，更是安身立命的艺术。

|第九章|

大辩若讷：祸从口入的话语艺术

古语云：君子三缄其口。又云：不得其而言，谓之失言。大智若愚者懂得祸从口出的道理，深知失言的害处，他们总是看破而不说破，平时沉默是金，寡言少语，不让自己陷入是非纠纷的漩涡中，即使要说也是做到充分掌握分寸，说话之前每一句话都得再三推敲，让别人无法从自己的言语中找到破绽，说话之时含蓄委婉，抓住关键，让自己的意图得到实现。

生存本领

祸从口出，言多必失

俗话说，一张口可以荣升，同样也可以夺身家性命。鸟儿会被自己的双脚绊住，人会被自己的舌头拖累。做人一定要注意自己的一言一行，什么话能说，什么话不能说，什么事能做，什么事不能做都要在脑子里多绕几个弯子。

人往往会因为说错话而自找麻烦。其实，爱说话、喜欢饶舌并不是什么大毛病，只不过古语说“祸从口出”却一直屡试不爽。不少人即使职业前程栽在了舌头上，还满腹委屈地说：“我也没做什么啊？”甚至还有人为此丢了性命，这不得不让我们警醒。

明太祖朱元璋出身贫寒，因此，小时候就是与一帮穷哥们在一起玩耍。到他做了皇帝之后，那些昔日的穷哥们就自然少不了要到京城来找他。他们总是在想，自己与朱元璋是从小一起玩大的，朱元璋怎么也得念在昔日共同受罪的情分上，给他们封个一官半职吧。但是他们万万没有想到的是，朱元璋现在身为一国之君，最忌讳的就是别人揭他的老底，因为这样会有损于皇上的威信。

有位跟朱元璋从小一起光屁股长大的好友，千里迢迢从老家凤阳赶到南京来见朱元璋，费了好大的周折，总算进了皇宫。一见到朱元璋，这位老兄便不顾周围还站着众多的文臣武将的情况，冲着朱元璋大叫大嚷起来：“哎呀，朱老四，如今你当了皇帝，可真是威风啊！你还认识我吗？当年咱俩可是一块儿光着屁股玩耍啊，而且，你那时干了坏事，总是让我替你挨打。记得有一次，咱俩一块儿去偷豆子吃，背着大人的面，用破瓦罐煮豆子．豆子还没煮熟呢，你就先抢了起来吃，结果把瓦罐都打烂了，豆子撒了一地。你当时吃得太急了，豆子都卡在嗓子眼儿里了，还是我帮你弄出来的。怎么，你不记得啦！”

这位老兄还在那继续喋喋不休地唠叨个没完，而宝座上的朱元璋却再也坐不住了。在朱元璋看来，这个人也太不知趣了，居然当着文武百官的面揭自己的短处，而且自己现在是皇帝了，他这样，让自己的脸往哪儿搁。盛怒之下，朱元璋下令将这个儿时的穷哥们杀了。

这位老兄就是说话不分场合，不注意听者的身份，随心所欲地说话，口无遮拦，结果将自己一步步推向了死亡的边缘。

我们与人谈话，无非是以下几种目的：或是为了加深了解，发展相互间的合作关系；或是托人办事，有求于人；或是批评别人的错误，使对方弃旧图新；或是申述事情的原委，让对方弄清真相，等等。

可要达到上述目的中的任何一种，都必须让对方乐意听你的谈话。我们说话的时候，应该经常考虑，为什么有的人常常被人误解呢？为什么有些人原是来安慰别人，反而惹起别人的反感呢？为什么有些人原意是赞美别人反而被人以为是讽刺呢？为什么有些人原意是要和别人和好，反而引起一场战争呢？

我们常说“言多必失”意思是说：如果一个人总是滔滔不绝地讲话，说得多了，话里就自然而然地会暴露出许多问题。老于世故的人，通常说话都有所保留，你一定会认为他们很狡猾，是不诚实的。其实说话前先要看对方是什么样的人，如果对方不是可以尽言的人，你就应该有所保留，对方若不是深交的人，你也畅所欲言，以快一时，对方的反应是如何呢？你说的呢，是属于你自己的事，对方愿意听吗？彼此关系浅薄，你和他深谈，显出你没修养，如果话题是关于对方的，你不是他挚友，不配与他深谈，逆言逆耳，显出你的冒昧。如果你的话是涉及他人的，对方的立场如何，你并不明白，对方的主张如何，你也不明白，你偏直言不讳，则往往招尤得咎呢。

说话时还要注意场合特别是人多的场合。你一不小心，一旦失言，你的话就有可能伤害到某个人，这自然会让你招惹祸端。逢人只说三分话，未可全抛一片心。我们不论与谁说话，最好都不要将自己知道的东西全部说出来。

一言一行关系着个人的成败荣辱，所以言行不可不慎。由于“言多必失”的教训很多，不少人将“三缄其口”作为处世的座右铭。那些成功的人，说话就会把握分寸，不管在什么场合都是落落大方，说话的时候，说得很充分，不该说的时候，一句话也不说。

有的人口齿伶俐，在交际场合口若悬河，滔滔不绝，这虽然是很多人向往的，可如果在人多的地方，口无遮拦，说错了话，也是很难补救的。所以在人多的场合要尽量少讲话，并讲究“忌口”。否则，要是因言行不慎而让别人下不了台，或把事情搞糟，那是最不合算的事。

心猿意马，心是很容易躁动，而意念则是带它驰骋的千里足，如果意志不坚定，就很容易受到诱惑迷失心性，从而误入歧途，越行越远，失去人生的航向旅程又如何能达到成功的彼岸？

因此，守口如瓶与防谨慎严都是人生的必修课，说话不能心存怠慢，只有做到说话把握好必要的分寸，人生的道路才能一帆风顺。

话语直接易伤人

别人的缺点并不会因为你的讥讽而不存在，你的讥讽反而会成为伤人伤己的由头，有智慧的人决不会为逞口舌之快，去说这些有害无益的话。

公司里有一个身材胖胖的女职员，偏偏她对于衣服的搭配一塌糊涂，而且喜欢追赶时髦。最近一段时间，流行紧身束腰的时装上衣，很快她就买了一套，喜滋滋地穿在身上，精神抖擞地来上班。

一位男同事首先看到了这位女同事特立独行的新装，可是他觉得这样一件好看的衣服实在被糟蹋了，因为与她的胖身材太不相称了。

男同事忍了半天，最后说："你的衣服可真是漂亮，只可惜啊……"

"你是说我的衣服漂亮，还是说我穿上它漂亮？可惜什么？"女职员不禁有点得意洋洋起来。

"可惜，这么漂亮的衣服到了你的身上，我怎么看怎么像木圆桶被包上了艳丽的花布，你呀，实在太胖了。"

女同事气不打一处来，一甩头就走了，从此和他处处作对。

坦诚并不意味着有什么话就说什么话，因为有些话可以抚慰人心，有些话可以给人指明方向，有些话可以激励人或者给人带来快乐，但是并不是所有的话都有这些正面效应。有些话太过直接，容易刺伤人的自尊，让人下不了台阶，陷入尴尬境地，上面那位先生所说的话不就是这样吗？

其实，直率不乏是条明智的交际准则，直率的人往往给人以一种心胸坦荡、胸无城府的感觉，他们比那些深藏不露、遮遮掩掩的人更令人放心，更容易博得对方的信任和好感。但过分的直率却会起到适得其反的作用，反而会不知不觉地吃大亏。

为什么这样说？这是因为每个人都是有自尊心的，一个人的容忍度有其限度，当这一限度被突破，直接触及对方心中最敏感的自尊时，你的直言快语就变成了挑衅和侮辱，而自己往往不顾及这一点，也不掂量话的轻重，结果无意中就伤了人。

我们要知道语言具有强大的力量，它既可以击倒一个人，也可以扶起一个人。脱口而出的话就像射出的箭一样不可能再收回，也许我们常说出令我们自己后悔的话。

圣菲利普是16世纪深受爱戴的罗马牧师，他总是会用温和的方式教导民众，人们都很喜欢他。

有一次，一位年轻的女孩来到圣菲利普面前倾诉自己的苦恼。圣菲利普明白了女孩的缺点，其实她心地倒不坏，只是她常常说三道四，喜欢说些无聊的闲话。这些闲话传出去后就会给别人造成很多伤害。

圣菲利普说："我知道你为自己的言行而苦恼，如果你想赎罪的话就到市场上买一只母鸡，走出城镇后，沿路拔下鸡毛并四处散布。你要一刻不停地拔，直到拔完为止。做完这些再到这里来找我。"

女孩觉得这种赎罪方式非常奇怪，但为了消除自己的烦恼，她没有任何异议。她买了鸡，走出城镇，并遵照吩咐拔下鸡毛。然后她回去找圣菲利普，告诉他自己按照他说的做完了一切。

圣菲利普说："你已完成了赎罪的第一部分，现在要进行第二部分。你必须回到你来的路上，捡回所有的鸡毛。"

女孩为难地说："这怎么可能呢？在这个时候，风已经把它们吹得到处都是了。也许我可以捡回一些，但是我不可能捡回所有的鸡毛。"

"没错，我的孩子。可是你那些脱口而出的愚蠢话语不也是如此吗？它们不也是到处散落吗？你能收得回吗？"

女孩说："不能，神父。"

"那么，当你想说些别人的闲话时，请闭上你的嘴，不要让这些邪恶的羽毛散落路旁。"

俗话说："会说话的令人笑，不会说话的令人跳。"人与人相处，会说话是一门艺术。说话不当、不得体，就会伤害到别人。

正所谓"良言一句三冬暖，恶语伤人六月寒"，假如能在责备的话里带抚慰，批评的话里带赞扬，训诫的话里带推崇，命令的话里含扶掖，让别人听你的话如沐浴春风，抱着诚恳和平易的心境讲话，一定会到处有人缘，而人缘好可以让你笑傲江湖。

还要记住，每一个人都会有他的优点和缺点，不要嘲笑别人的缺点，因为这些优点和缺点都是相对的，谁也不能保证别人的缺点不会帮助到自己。

尽量让对方多说话

聪明的人很少跟人抢话说，他们总是将说话的机会让给他人。

聪明的人对于不同见解，他们不会指出谁对谁错，即使他们心知肚明，而那些表现欲极强的人则不然。尤其是当他们要使别人同意他自己的观点时，往往滔滔不绝，没完没了。尽量让对方说话吧，他对自己的事业和问题，了解得比你多。即使你在批评别人的时候，也要向对方提出问题，让对方讲述自己的看法。

如果你不同意他的看法，你也许会很想打断他的讲话。但不要那样，那样做很危险。当他有许多话急着说出来的时候，他是不会理你的。因此你要耐心地听着，抱着一种开放的心胸，要做得诚恳，让他充分地说出他的看法。

尽量让对方讲话，不但有助于处理商务方面的事情，也有助于处理家庭里发生的矛盾。芭贝拉·魏尔生和他女儿洛瑞的关系快速地恶化下去，洛瑞过去是一个很乖、很快乐的小孩，但是到了十几岁却变得很不合作，有的时候，甚至于喜欢争辩不已。魏尔生太太曾经教训过她，恐吓过她，还处罚过她，但是一切都收不到效果。

一天，魏尔生太太放弃了一切努力。洛瑞不听她的话，家事还没有做完就离家去看她的女朋友。

在女儿回来的时候，魏尔生太太本来想对她大吼一番。但是她已经没有发脾气的力气了。魏尔生太太只是看着女儿并且伤心地说："洛瑞，为什么会这样？"

洛瑞看出妈妈的心情，用平静的语气问魏尔生太太："你真的要知道？"

魏尔生太太点点头，于是洛瑞就告诉了妈妈自己的想法。开始还有点吞吞吐吐，后来就毫无保留地说出了一切情形。

魏尔生太太从来没有听过女儿的心里话，她总是告诉女儿该做这该做那。当女儿要把自己的想法、感觉、看法告诉她的时候，她总是打断她的话，而给女儿更多的命令。

魏尔生太太开始认识到，女儿需要的不是一个忙碌的母亲，而是一个密友，让她把成长所带给她的苦闷和混乱发泄出来。过去自己应该听的时候，却只是讲，自己从来都没有听她说话。

从那次以后，魏尔生太太想批评女儿的时候，就总是先让女儿尽量地说，让女儿把她心里的事都告诉自己。她们之间的关系大为改善。不需要更多的批评，女儿再度成为一名很合作的人。

使对方多多说话，试着去了解别人，从他的观点来看待事情，就能创造生活奇迹，使你得到友谊，减少摩擦和困难。

记着，别人也许完全错误，但他并不认为如此。因此，不要责备他。试着去了解他，只有聪明容忍、特别的人才会这么做。

别人之所以那么想，一定存在着某种原因。查出那个隐藏的原因，你就等于拥有解答他的行为、也许是他的个性的钥匙。

试着忠实地使自己置身于他的处境。

如果你对自己说："如果我处在他的情况下，我会有什么感觉，有什么反应？""那你就会节省不少时间及苦恼。"戴尔·卡耐基指出："若对原因发生兴趣，我们就不太会对结果不喜欢。"

吉拉德·黎仁柏在他的《打入别人的心》一书中评论说："在你表现出你认为别人的观念和感觉与你自己的观念和感觉一样重要的时候，谈话才会有融洽的气氛。在开始谈话的时候，要让对方提出谈话的目的或方向。如果你是听者，你要以你所要听到的是什么来管制你所说的话。如果对方是听者，你接受他的观念将会鼓励他打开心胸来接受你的观念。"

避免与他人争论

天下只有一种方法能得到争论的最大利益——那就是避免争论。

争论中，也可能你是有理的，但如果你想凭争论来说服对方改变他的意见，那你就错了。

丹麦著名童话作家安徒生崇尚俭朴的生活，经常戴着一顶破旧的帽子在街上行走。一天，有个富人嘲笑他："你脑袋上的那个玩意儿是什么？能算是帽子吗？"

安徒生不卑不亢地回敬道："你帽子下边的那个玩意儿是什么？能算是脑袋吗？"

嘲讽刻薄的话语被安徒生以牙还牙的机智幽默顺势一转，便狠狠地回敬了对方。反攻的力量是如此强大，对方简直是搬起石头砸自己的脚。

人们总是把激烈的语言交锋称为唇枪舌战，有时候两片嘴唇一个舌头，比真枪实弹的威力还要大。然而，针锋相对的反击虽然精彩，却无法赢得对方内心的好感。就人际关系而言，它不会给我们带来任何好处。因此，我们要尽量避免与他人争论。

人际关系专家告诉我们：绝大部分的争论，结果都会使双方比以前更加坚持自己的立场和观点。在争论中没有赢家。不管你是否在争论中占了上风，本质上你都是输了。即使你在争论中把别人驳得体无完肤、一无是处又能怎么样？你可能会暂时高兴，但对方因自尊心受到了伤害，会对你产生怨恨的心理，并不会对你真正地口服心服。

因此，我们在做人做事时，要避免与他人发生争论。就像睿智的本杰明·富兰克林所说："假如你总是争论，辩驳，或许你偶尔能赢！可这种胜利是空的，因为对方内心的好感你是永远得不到的。"

如果不能赢得对方内心的好感，那我们的争论是否也失去了某种意义呢？难道我们用尽脑筋，费尽唇舌，就是为了要那种语言上、表面上的胜利？

林肯曾经这样批评一位和同事吵架的青年军官："任何想有所作为的人，绝不会把时间浪费在私人争执上。你承担不起争执的后果，如发火、失去自制等。在拥有相等权利的事物上，要多让对方一些；即使在明显是你对的事情上，你也要让一下。与其和狗抢路，被它咬伤，还不如让它过去；否则就算是你把狗杀了，你还是已经被它咬了。"

那么，应该如何避免与他人作无谓的争论呢？

其实，许多人在别人提出不同意见时，出于保护自己的想法和自尊心的需要，第一反应往往是反感、反驳。其实，这样只会给人留下狂妄自大、气量狭小、听不进不同的意见、没有自我批评精神的印象。

我们要做的，首先是要适当地控制自己的情绪。要知道，闹情绪、发脾气根本无助于解决任何问题。反而只能激怒对方，加剧矛盾的升级。

你应先仔细倾听，让别人发表意见、把话说完，切不可立即作出回应，更不要拒绝或争论。否则，没有沟通的基础和依据，只会出现误解，增加彼此沟通的障碍。只有先多听听，听了以后才有可能进行良好的沟通。

听完后，仔细考虑对方的意见，用心找出彼此的共同点，因为一旦拥有共同语言，双方就容易沟通了。分歧缩小了，才能达成共识，化干戈为玉帛。如果事实证明是你错了，那你可就难堪了。

当然，如果是别人错了，你也不必嘲笑指责，这样会伤害其自尊心，只能导致人际关系更为紧张。待事情过后，一般而言他也会感觉到自己的错误。

其实，无论结果谁对谁错，都应对对方真诚地心存感谢。因为关心，所以才会产生意见。如此则说明互相有着共同的兴趣爱好，有着共同的追求。这样的话，与其与对方持对立的立场，倒不如把对方看做是能给自己带来帮助的人。或许在磨合的过程中互相还会成为朋友。

无论说话做事，我们都应从容以对。如果时间允许，为什么不给双方多一些时间呢？不要急于行动，适当地停下来，将事情再多想想，更仔细地考虑一下。有时争论的气氛特别紧张时，不妨找个借口让大家轻松一下，分散大家的注意力，给双方多一些时间思考。

英国前首相撒切尔夫人的手法是"把一种面临争辩的事情暂且搁下"。你不要小看这拖延的措施，它可以产生一种意想不到的功效，那就是让双方都有机会去反省自己的错误。绝大多数人在问题未能解决前，都会自己花点时间来想一想的。如果错误确属自己，那么下一次就要有所纠正；如果错误在于对方，对方自然也会作出适当的改正或让步。

掌握了以上这些技巧，我们一般就不会随便地与别人发生无谓的争论了，自然，便也不会放任自己白白地流失别人的好感和善意了。

学会装聋作哑

在日常生活中，对于那些不宜表态或难以回答的问题，最好装聋作哑、保持沉默。这样做既可以瞒住对手，封锁消息，又可以争取时间，积蓄力量，以便抓住机会反败为胜。

说到装聋作哑，元代王实甫《西厢记》中有“叉手躬身，装聋作哑”一句，意思是指故意装作没听见或者没看见。装聋作哑作为人的常用表情，也是待人处事的一种有效方式。平素总有人认为装聋作哑是不登大雅之堂的“小计”，实际上只有那些修养达到一定程度的人，才能娴熟地运用它。孔子年轻时就曾请教老子，老子对孔子说：“良贾深藏若虚，君子盛德容貌若愚。”意思是：善于做生意的商人，总是把东西藏得好好的，不让别人知道他有多少财物；真正的君子都是看起来好像有些愚笨的样子，以不让别人发现他的高尚品德。其深刻含义是告诫人们不要过分表现自己的聪明与智慧，不要对眼前发生的事情喜怒形于色。

1945 年 7 月，苏联、美国和英国三国的首脑在柏林附近秘密集会，历史上称为波茨坦会议，就在这次会议前夕，美国在新墨西哥州引爆了人类历史上第一颗原子弹。新上任的美国总统杜鲁门带着这份喜悦步入会场，其自信和骄傲溢于言表。

杜鲁门认为，拥有原子弹的美国可以目空一切，称霸世界了。然而，他毕竟心里没底，于是想在苏、英两国首脑间试探一下原子弹的威慑力。

在 1945 年 7 月 24 日那天，杜鲁门私下与斯大林聊天，轻描淡写地谈到美国正在研制“一种破坏力特别巨大的新式武器”，然后他特别留意了斯大林的表情。令杜鲁门失望的是，斯大林木然地坐在椅子上，好像什么都没有听见，杜鲁门感到讨了个没趣。

其实，斯大林当时听得很清楚，并且内心受到极大的震动。他离开会场之后，立即指示国内加快原子弹的研制工作。四年后，苏联成为继美国之后第二个拥有原子弹的国家。

试想，如果当时斯大林在杜鲁门面前表现得很紧张，不仅会使杜鲁门得到极大的心理满足，给国家丢了面子，而且对苏联研制原子弹的保密工作也十分不利。

同样的道理，如果在谈判中，一方拼命“高谈阔论”，而对方却毫无反应，说话的人越拼命说，就越收不到效果。这时就要使用一些技巧，巧妙地使对方居于下风，他才会听你说话；若是你不改变谈判方式，对方就会一直将你的话当耳边风。而对于听的一方而言，保持装聋作哑的姿态，往往会对自己有利。

台湾有个经营印刷业的老板，在经营了多年之后萌发了退休的念头。他原来从美国购进了一批印刷机器，经过几年的使用后，扣除磨损费应该还有 250 万美元的价值。他在心中打定主意，在转让这批机器的时候，价格一定不能低于 250 万美元。有一个买主在谈判的时候，针对这批机器的各种问题滔滔不绝地讲了很多缺点和不足，这让印刷业的老板十分恼火。但是他在自己刚要发作的时候，突然想起 250 万美元的底价，于是又冷静了下来。他一言不发，看着那个人，任凭他继续滔滔不绝地说，到了最后，那人终于再也没有继续说话的气力，突然蹦出一句：“嘿，老兄，你这批机器我最多能给你 350 万美元，再多的话我可真是不要了。”于是，这个老板很轻松地比原计划多赚了整整 100 万美元！

装聋作哑，并不是任何人都可以轻松做到的。正因为如此，许多擅长心理战的高手才经常会利用这招打击对手，而且往往可以达到目的。当你是谈话人时，你要提防对方装聋作哑，尽力在谈话中争取主动，掌握节奏；而当你作为一个听者的时候，就要巧用“装聋作哑”，既不会失身份，也不会让人尴尬，还能达到预期的目的。我们在现实生活中，有时不妨也适当运用一下装聋作哑的技巧，说不定可以收到奇效。

看破而不可说破

世间的许多事情你可看破，但不可说破，说破了就没有什么意思了。有的时候朦胧的感觉是最美妙的，揭去了那层薄纱，一切都赤裸裸地呈现在你面前，你会觉得很寡味，甚至有种难以名状的很恶心的感觉。

有一年春节联欢晚会上，台湾的魔术师刘谦表演了几个近体魔术，让我们近距离，甚至零距离领略魔术的魅力与神采。在那个万家团圆的时候，我们应该感谢魔术师给我们带来的欢乐与享受。

但不久，在网上就接连暴出了所谓刘谦表演的穿帮镜头，还有好事者甚至说看出了刘谦的手法，予以揭露等等。于是议论纷纷，仿佛他比刘谦还要高明，因为他看出了高手的所谓“破绽”。我们可以想象得出这位自以为看破刘谦手法的人那种自鸣得意的神态，以及傲视一切的眼神。

大家都知道，魔术肯定是假的，能有七十二般变化的，只是神话里的传说而已。魔术师是人，他并没有超自然的能力。魔术师用他惊人的速度以及用一些遮人耳目，转移人们注意力的手法和巧妙的道具，给人们带来一种亦真亦幻，真假难辨的景象，从而给人们带来艺术享受。虽然所有的人都知道魔术是假的，骗人的，但在欣赏的时候却身临其境，跟着魔术师的动作与语言，进入了一个美妙的玄幻世界，从而体验出魔术的魅力与神秘感，获得了身心的满足感。

小的时候也经常看走街串巷，类似于“走江湖”的人表演的魔术。那表演的手法自然很粗糙，于是漏洞百出，有的时候我们可以看到他空手抓东西，却分明从身上的兜子里快速地取出拿在了手里。明眼人是很容易看出的。但即使看出了，我们也信以为真，觉得魔术师有神奇的能力，可以变出任何想要的东西，心甘情愿地被他骗一回，享受一回。村里的一个老者说过这样的一句话，“走江湖的不易，说破了人家的机关就等于砸了人家的饭碗，是缺德”。因此，即使再拙劣的表演，我们也报以掌声，送以鼓励，而且把身上的零钱一分、五分、一毛地扔到那个白圈子里。而那江湖人则双手抱拳，四处作揖谢恩。

其实，那个老者所说的应该是看魔术的与表演魔术的人之间共同遵守的一种“潜规则”：表演的要倾其所能，为观众带来艺术享受；观看的人要尊重表演者，可看破，但切不能说破。你说破了，表演的人觉得没意思；观看的人也觉得没意思；你在大家的眼里，也就是“没意思”的人了。这如同“观棋不语真君子”是一个道理。看棋的人，即使你棋艺再高超，哪怕身怀绝技，也要不露声色，静观其变，暗自思忖。若你觉得自己不含糊，总认为别人是臭棋篓子，任意发言，随口支招，那定会招致别人的怨恨，是非常讨厌的行为；严重的，人家还会跟你翻脸，甚至于大动干戈，闹个不欢而散。所以，观棋的最高境界也是可看破，但千万不可说破。

这道理在日常生活中是最常见的，能做到这一点的人，别人便觉得你是很含蓄，优雅，很有修养的人，处处会赢得别人的尊重。

有些事情许多人明明已经看破了，但却从来不曾说破。万一说破了，那美丽的光环立刻消失，神秘的色彩顿然全无。因此，人们宁愿保留几分遐想，保留一些空间，保留些许遗憾。“水至清，则无鱼；人至察，则无徒”啊。

那些多嘴多舌，以为事事就他明白，处处数他伶俐，时时显摆自己，哪儿哪儿都要露一“小手儿”的人，大家便会觉得很讨厌，很无聊，很烦人，很容易招致天怒人怨。

记得小的时候听评书，听了上回，就老是惦记着下回，自己琢磨下回哪个英雄该出场，该会有怎样精彩的场面，该出现多么精彩的情节。于是，在没有听到下回书之前，就在自己的脑子里勾勒了一副很动人的情景画面，而且有种百爪挠心的那种迫不及待的感觉，恨不能早些听到下回书到底是怎么样的情况。

但总是有些以前听过这段书的人，便“狗掀门帘——露尖嘴儿”，把下回书里的情节一股脑地说出来，显示他比别人高一头，强一块，想博得别人的羡慕与感谢。但我们所有的人都不领情，用很损的言语奚落他，取笑他，甚至辱骂他，“河边青草少，不缺你这头多嘴驴！”总觉得这样的人太可恶了，太讨厌了，自己好端端的心情，却无端地被他给搅了，实在无趣的很。再听评书的时候，心情自然差了很多。

所以，请管好你的嘴，你的智商或许确比别人高些，你的脑子或许确比别人灵光，你的眼神或许确比别人机敏，但你可看破，千万不能说破。给别人留一点遐想的空间，让他们在自己想象的空间里自由的翱翔；也给自己一个升华的机会，给自己留一个含蓄睿智的好名声。

寡言少语方可不失言

掌握大智若愚艺术的人不仅行为谨慎，不好张扬，甚至寡言少语，说每一句话都得再三推敲，既怕被人误解，有口难辩，又怕出语伤人，与人结怨。的确是这样，话出口容易，但收回却永不可能。

说话如写遗嘱，言词愈少，争讼愈少。聪明人深谙“祸从口出”之理，因此对语言禁忌十分警觉，唯恐自己失言。

老于世故的人，对人总是唯唯诺诺，可以不开口，情愿学金人之三缄其口，实行其“庸言之谨”。比方你对他说话，他有隐私的事情唯恐人知，你偏在无意中说着他的隐私，言者无心，听者有意，认为你是有意揭破他的伤疤，他便恨你入骨。这是说话的第一忌。

他做的事，别有用心，他极力掩蔽，不使人知。你对他的用心知之甚深，他虽不能断定你一定明白，终是对你十分猜疑。你便处于两难境地，既无法对他表明没有知道，也无法表明决不泄漏，那你将何以自处呢？你唯一的办法，只有假作痴聋，若无其事。这是说话的第二忌。

他有阴谋诡计，你却参与其事，代为决策，认为得当。从乐观方面说，你是他的心腹；从悲观方面说，你是他的心腹之患。你虽守秘密，从不提及此事，不料另有智者，看得一清二楚，说得明明白白，那么你就难逃走漏消息的嫌疑，无办法的办法，你只有多亲近他，表示绝无二心，同时设法侦知泄密的人。这是说话的第三忌。

他对你尚无深切的认识，没有十分信任，你偏力求讨好，对他说极深切的话，即使采用，但试行结果却不怎么美妙，他一定疑心你有意捉弄他，使他上当；即使试行结果很好，对你未必增加好感，以为你是偶然看到，实行又不是你的力量，怎好算你的功劳，所以你还是不说话的好。这是说话的第四忌。

他有罪过被你知道，你认为不对，不惜维护正义，直言劝谏，他本唯恐人知，你去揭破，他自十分惭愧，由惭愧而忿恨，由忿恨而与你发生冲突，你又凭空多了一个冤家，你还是不说的好，即使劝告，也以婉转为宜。这是说话的第五忌。

他的成功，计出于你，他是你的上司，深恐好名誉被你抢去，内心惴惴不自安，你知道了这种情形，应该到处宣扬，逢人便说，极力表示这是上司的善谋，这是上司的远见，一点不要透露你有什么贡献。这是说话的第六忌。

他不能做的事，你认为应该做，而强要他必须做到。对于某事，他是箭在弦上，不能不发，或业已骑上了马背，无法终止，你认为不应该做，而令他必须终止。但是事实如此，虽强之也不会有效。在你的道义上，当然不应该熟视无睹，不妨进言婉劝，使他自己觉悟，自己来发动，自己去终止，这是上策。万一他不愿接受你的劝告，也只好见机而行，适可而止。如果过于强求，只会徒伤情感。这是说话的第七忌。

除了以上七种语言禁忌，大智若愚的人在说话时还注意尽量不令人猜忌，消除他人的顾虑。说话真是不易，不该说却率性而言，有时反而引起对方的疑心。你同对方议论他手下的高级干部，你以为是一番好意，其实你已犯了“新间旧，下犯上”的毛病。话虽不错，他却以为你是有意离间，有意挑起争端，破坏他们的团结，从此对你发生极大的怀疑，心中不愉快，甚或格外与你疏远。这是第一种疑心。

你同对方议论他手下的普通人员，说某甲的长处是什么，短处是什么，某乙的行为如何，品性如何，能力如何？你的话也许说得不错，而他却以为你是有意刺探他的反应，获得一些表示，以此告知他们，使他们知道你与他可以无话不谈，因以提高你的身份，不然何必絮叨不休。这是第二种疑心。

你同对方议论他手下的亲信，当然你的说话是着重于他们的特点及长处，决不会攻其所短，论理正投他所好，一定乐于接受，谁知他的反应，大不其然。虽然你的话句句与他所知相合，他并不以为你真能认识他的所爱，以为你是借此为见知的引线，妄想加入他们的群体，彼此结成一体。这是第三种疑心。

你同对方议论他手下的憎厌分子，当然你的说话是一种持平之论，他们的所长所短，双方面都加以评价，意在减低他的憎厌心，使他知道憎厌的人也有长处可取。“君子成人之美，不成人之恶”，你的用心无可厚非，他却以为你是有意刺探他含怒的原因，以及含怒的深浅，完全是结党营私。这是第四种疑心。

你同对方议论某种问题，因为还未能明白他的见解与意向，于是笼而统之，述其大端，以观他的反应，在你不失为审慎办法，谁知他却以为你是词不达意，所见未真，所识未透，一得之论，无当于事，庸碌如此，浅陋如此，还须再读十年书，何必妄论天下事。这是第五种疑心。

如果你对于某种问题，自信确有心得，对他畅论一切，旁征博引，不厌其详，你以为可以表现你的学问，引起他的注意，谁知他却以为你是所得芜杂，并无独到之处，至多不过是卖弄学识，哗众取宠。这是第六种疑心。你同对方议论某种问题，为了各种顾忌，只谈原则，不论事实，略示诚意，你以为巧妙，他却以为你是畏首畏尾，不敢直说，顾忌太多，安能办事？这是第七种疑心。

如果你勇气十足，就事论事，痛陈利弊，极言得失，语气激昂，忠义之气溢于言表，你以为如此必能打动他，谁知他却以为你是性情粗野，缺少涵养功夫，阅历未深，人情未熟，未能顾虑周详。这是第八种疑心。

究其病根，实由于彼此间的认识没有清楚，你虽然认识他，他没有认识你，单方面的认识，还不是说话的时候。率然进言，总是引起他的疑心，你还是致力于使他彻底认识你的功夫，不要急于说话。

话到嘴边留三分

为人处事非有城府不足以立世，含蓄来自于自我控制的黑白转化之功。能够像冰山一样只露出一角，让人摸不透你的心思，但你会自保无虞，而且具有强大的威慑力。

聪明人如果想得到别人的尊敬的话，就不应该让别人看出他有多大的智慧和勇气。让别人知道你，但不要让他们了解你；没有人看得出你天才的极限，也就没有人感到失望。让别人猜测你甚至怀疑你的才能，要比显示自己的才能更能获得崇拜。你要不断地培养他人对你的期望，不要一开始就展示你的全部所有。

隐瞒你的力量和知识的诀窍是要胸有城府。一受辱而不惊，也就是说，当别人侮辱自己的时候，能够有克制情绪，而不马上觉得自己丢了脸、失了面子，因此火冒三丈、恼羞成怒，抱着一种“人不犯我，我不犯人；人若犯我，我必犯人”的心理，大打出手，破口大骂，非要把面子争回来不可。在这种情况下，“不惊”首先是心平气和地接受这一事实。至于以后如何，等等再说。

二战英雄巴顿将军是“受辱不惊”的反面教材，他爱放大炮毫无城府，不但使上司颇为难堪，而且自己也失去了不少人缘，被同事们称为“和平时期的战争贩子”。1925 年，巴顿到夏威夷的斯科菲尔德军营担任师部的一级参谋。一年后，他被升为三级参谋。巴顿的工作主要是负责对战术问题和部队的训练提出建议并进行检查，但他经常越权行事。1926 年 11 月中旬，他观看了第二十二旅的演习，对这次演习非常不满。他直接向旅指挥官递交了一份措辞激烈的意见书。他的这种做法是纪律所不允许的，因为他只是一名少校，无权指责一名准将指挥官。这样一来，他便招致了上司的非议和怨恨。

但巴顿并未汲取教训。1927 年 3 月，在观看了一场营级战术演习后，他又一次大发其火。他指责营指挥官和其他人员训练无素，准备不足，没有达到预定的目标。虽然这次他很明智地请师司令部副官代替师长签了名，但其他军官心里很清楚，这又是巴顿搞的鬼，所以联合起来一致声讨巴顿。众怒难犯，师长没有办法只好把这位爱放大炮的参谋从三级参谋的位置上撤下来，降到二级。

话到嘴边，要留住哪“三分”呢？

其一，留住自以为是的见解。人们都是根据有限信息进行思考并形成想法，在信息残缺不全时，会形成偏见。加上感情倾向与情绪作用，会使自己的见解偏得更厉害。正如索罗斯说：“我们对世界的所有认知都有缺陷，因为我们无法透过没有折射作用的棱镜看待这个世界。”

虽然每个人的想法都带有偏见，但掌握信息较多、比较理智、能有效克服情绪的人往往意见更正确，至少更令人信服。因为在一些人中，大家的见解都超不过他的见解。你看那些经验丰富的领导人，当别人进行热烈的讨论时，他却坐在那里一言不发；等别人把想说的话都说完了，他再发表意见，一开口就语惊四座，让大家都觉得自愧不如。其实，他在保持沉默时，并非没有想法，只不过能隐忍不言而已。当他听完所有人的讨论后，掌握的信息已经比别人多了，在此基础上形成的想法，自然胜过所有人。

其二，留下对别人不恰当的批评和指责。所谓不恰当，有多种含义：如果你看错了现象，误会了人家，批评和指责无疑是不恰当的。假如对方确有挨批的理由，是否批他，还得看风向。

比如，你这样做，是否对他确有帮助？是否会加深误会激化矛盾？另外，如果对方已经意识到了自己的错误，并有改正的倾向，就没有必要对他说三道四了。

当你确定批评他是必须而且有用的，点到为止即可，把多余的废话还是得咽回去。你也许有幸挨过一些领导的批，那些被你认为是有涵养好的头，总是羞答答地说那么一句半句，好像很难为情似的，你这么大的人了，真不方便说你。正因为这样，给你的印象反而特别深刻。

其三，留正毫无价值的牢骚。老毛曾告诫那些革命意志不坚定的同志，尤其是知识分子：牢骚太盛防肠断。生活本来就是不如意的事要占很大比例，你到哪里去找一个圆满的世界？已经吃到肚子里的东西，无论米谷糟糠，总是要自行消化的，岂能吐出来让别人心情难受？抱怨通常没有价值，只有一种例外：你想让某人知道你的想法，却不便当面说，想让眼前这个喜欢多嘴饶舌的人带话过去。

其四，留下不着边际的废话。为说话而说话，把东家的长西家的短都搬出来当谈资，讲完了也不知道自己到底说了什么，这无疑是废话。那又何必要说？那又何必说太多？

古语云：君子三缄其口。又云：不得其而言，谓之失言。如果你不能确定自己说的话对人对事有益无害，或者利多害少，那么不如不说。

适时地保持沉默

高调者往往因逞一时口舌之快，而使本可以迅速解决的事情陷入僵局；难得糊涂者沉默寡言，却可以令诸多问题迎刃而解。因为沉默也是一种利器，它也能让人有所畏惧。

过去，心理学家常常认为我们应该把自己的事情讲出来，告诉别人，但现在人们逐渐发现在与别人的交往中有时更需要忍耐和沉默。

你必须认识到沉默与精心选择的词具有同样的表现力，就好像音乐中心音符与休止符一样重要。沉默会产生更完美的和谐，更强烈的效果。

在日常交往中，沉默往往会给你带来益处。在某些场合，沉默不语可以避免失言。许多人在缺乏自信或极力表现得礼貌时，可能会不假思索地说出不恰当的话给自己带来麻烦。

有时候说话不经思考，即使言者无心，也会产生严重后果。一天深夜，哈罗德回家时误入隔壁邻居家，他非常窘迫，便自我解嘲地说："我好像听见里面在庆贺什么。"房间里顿时出现了一片尴尬的沉默。事后，哈罗德的妻子告诉他，邻居家的主妇刚刚小产。哈罗德说："现在，即使是情况万分紧急，我也要静思慎言。"

适时地保持沉默不仅是一种智慧，而且也有实际的好处。常言道："沉默不会使人后悔。"一位女士的经验证明了这一点，她说：当我们的第一个孩子出世时，我丈夫由于工作繁忙，对我和孩子疏远了，这样几周以后，我感到筋疲力尽，并想大发雷霆。

一天我给他写了封充满怒气的信。然而不知为什么我没把信给他。第二天，丈夫提出要给婴儿换尿布，并且说："我想我现在应该学会做这些事了。"

"尽管我不知道他为什么会改变想法，但还是非常高兴地把信撕了，并暗自庆幸我给了他时间。一场争吵就这样避免了。此后，他一直对我很好。”

人们往往不善于等待，而等待往往是适用于各种情况的一种策略。有时片刻的沉默会产生奇特的效果。

圣诞节后大甩卖期间，玛丽安去退货。柜台前挤满了顾客。玛丽安要求退钱，售货员正忙得不可开交，告诉她衣服售出概不退换，然后就去为其他顾客服务了。玛丽安一声不响地拿着衣服在柜台前等候。

10分钟后，售货员又走了过来，玛丽安面带微笑，依旧在等待。售货员也只顾在柜台前忙碌，玛丽安还是沉默不语。又是几分钟过去了。这时，售货员什么也没说，拿起衣服走了。大约3分钟后，她回来了，而且，还带着钱！玛丽安的耐心和温文尔雅的沉静得到了回报。如果她大吵大闹的话，也许什么也得不到。

当然有时候开口说话也很重要。例如打抱不平、抚慰朋友、消除误解。在这种时候，人们必须开口，但重要的是要找到恰当的话。这时，片刻的沉思能使你说出的话更准确、更有效。

米西尔的祖父母是犹太人，死在纳粹集中营。去年，两位不了解米西尔身世的朋友抱怨他们的儿子和一个犹太人结婚了，并拒绝见他们的儿媳，这使他们的儿子感到非常痛苦。

米西尔非常珍惜与朋友的友谊，但他们明显的偏见又使她极不愉快。经过权衡，米西尔直言不讳地告诉他们：“我为我的犹太祖先感到自豪，而你们的做法使我感到遗憾。你们的言论使我非常不愉快。”

米西尔的朋友大吃一惊，向她道了歉，并把她的话记在心里。没过多久，他们就和儿媳和好了。

研究谈话节奏的学者们认识到，有张有弛的谈话在人际交往中至为重要。《谈话的艺术》的作者、心理学教授格瑞德·古德罗解释说：“沉默可以调节说话和听讲的节奏。沉默在谈话中的作用就相当于零在数学中的作用。尽管是‘零’，却很关键。没有沉默，一切交流都无法进行。”

正确的交流由两个方面构成：既被人关注，又关注别人。安静、专心地倾听会产生强大的魔力，使谈话者更加心平气和、呼吸舒畅，连面部和肩部都放松下来。反过来，谈话者会对听众表现得更加温和。

当你发怒、焦虑或自己想大发雷霆时，请你喝上一杯水或是握着自己的双手，然后露出你的微笑。这种简单的方法或许可以帮助你控制住情感。

免遭妒忌的说话技巧

学会淡化别人的妒忌心理，将有利于促进同事、朋友、邻里及多种范畴内的人们彼此减少敌意和隔阂，使人们成为成功者。

低调是一种风度。低调者会在充满鲜花与掌声的贺功会上悄悄隐退，即使自己比任何人付出的汗水都多；低调者不会独享荣耀，他们会将自己的成功归于他人的帮助、上天的眷顾，而不会倾诉一路走来的艰辛。低调者深知：当自己明显比别人强时，你在感情上还是要和大家在一起，这样别人就不会再嫉妒你了，也会认为你是靠自己的努力得来的优位。

以下是低调者为了免遭妒忌的一些说话方法：

1. 介绍自己的优位时，强调外在因素以冲淡优位。

你被派去单独办事，别人去没办成，而你却一下子办妥了。这时，你若开口闭口“我怎么怎么”，只能显出你比别人高一筹，聪明能干，而招致妒忌。如果你这么说：“我能办妥这件事，是因为我卖力肯干”，就容易让人觉得你处于优位是理所当然的，因而会妒忌你的能干。但你要这么说：“我能办妥这件事，一方面是因为前面的同志去过了，打了基础，另一方面多亏了当地群众的大力帮助”，这就将办妥事的功劳归于“我”以外的外在因素“前面的同志和群众”中去了，从而使人产生“还没忘了我的苦劳，我要是有群众的大力帮助也能办妥”这样的借以自慰的想法，心理上得到了暂时平衡。“我”在无形中便被淡化了优位。

2. 言及自己的优位时，应谦和有礼以淡化优位。

人处于优位自是可喜可贺的事。加上别人一提起一奉承，更是容易陶醉而喜形于色，这会无形中加强别人的妒忌。所以，面对别人的赞许恭贺，应谦和有礼、虚心，这样，不仅显示出自己的君子风度，淡化别人对你的嫉妒，而且能博得对你的敬佩。

“小李毕业一年多就提了业务厂长，真了不起，大有前途呀！祝贺你啊！”在外单位工作的朋友小张十分钦佩地说。“没什么，没什么，老兄你过奖了。主要是我们这儿水土好，领导和同事们抬举我。”小李见同一年大学毕业的小王在办公室里，便压抑着内心的欣喜，谦虚地回答。小王虽然也嫉妒小李的提拔，但见他这么谦虚，也就笑盈盈地主动招呼小李的朋友小张：“来玩了？请坐啊！”

不难想象，小李此时如果说什么“凭我的水平和能力早可以提拔了”之类的话，那么小王不妒忌死了，进而与小李难以相处才怪。

3. 不宜在优位者的同事、朋友面前特意夸奖优位者。

显然，谁都希望处于优位而得到他人的夸奖，但事实上总会有悬殊的差别。当同事、朋友各方面条件都差不多，其中有人处于优位，别人若不提及，有时还不觉得。一旦有人提起，其他人听了就不好受。难免会妒火中烧。所以，作为不会对此妒忌的旁人，一定不要在优位者的同事、朋友等多人面前特意夸奖优位者。否则，不仅会引发和加强其对优位者的妒忌，还可能同时妒忌你与优位者的“密切关系”。

某单位宣传部干事小张在较有影响的报刊上发表了几篇理论文章。团委小高在工会宣传干事小王面前羡慕地夸奖道：“小张真不错，最近又有一篇文章在某某刊物上发表了！”小王顿时敛住笑容，酸溜溜地说：“他有那么多闲工夫，发两篇文章有什么了不得了？哼！”小高见状，自知失言，让小王觉得挂不住脸了，只好尴尬地点头笑了笑，走出工会办公室。这里，小高就是犯了大忌：在可能产生嫉妒的敏感区偏偏又增添了引发妒忌的“发酵剂”。

4. 突出自身的劣势，故意示弱以淡化优位。

如同“中和反应”一样，一个人身上的劣势往往能淡化其优势，给人以“平平常常”的印象。当你处于优位时，注意突出自己的劣势，就会减轻妒忌者的心理压力，产生一种“哦，他也和我一样无能”的心理平衡感觉，从而淡化乃至免却对你的嫉妒。

比如，你是大学刚毕业的新教师，对最新的教育理论有较深的研究，讲课亦颇受同学欢迎，以至引起一些任教多年却缺乏这方面研究的老教师的强烈妒忌。这时，你若坦诚地公开、突出自己的劣势：教学经验一点都没有、对学校和学生的情况很不熟悉等等，再辅以“希望老教师们多多指教”的谦虚话，无疑会有效淡化自己的优位，衬出对方的优位，减轻弱化老教师对你的妒忌。

5. 不要当众说“我们怎么怎么”，而给人以“厚此薄彼”之嫌

在众人面前谈某群体中的某人时，你若说“我们很要好”“我俩情同手足”“我和你们单位的某某交情很深”之类的话，对方很容易产生“你厚他薄我”的冷落感。因为这种复数关系称谓具有明显的排他性。对方会觉得被你称为“我们”中的人员是优位的而滋生妒忌。

6. 强调获得优位的“艰苦历程”以淡化妒忌。

通过艰苦努力所取得的成果很少被人妒忌，如果我们处于优位确实是通过自己的艰苦努力得到的，那么不妨将此“艰苦历程”诉诸他人，加以强调以引人同情，减少妒忌。

比如，在邻居、同事还未买电脑的时候，你却先买了。为了免受“红眼”，你可以这么说：“我买这台电脑可不容易。你们知道我节衣缩食积攒了多少年吗?整整六年啊！辛苦啊！我们夫妻俩都是低工资，一毛钱一毛钱地攒，连场电影都舍不得看，太难了……”听了这些话，对方就很难产生妒忌之心。相反，或许还会报以钦佩的赞叹和由衷的同情。

7. 切忌在同性中谈及敏感的事情。

女性之间的妒忌多半因容貌而起。女人爱妒忌。妒忌可以说是女人的明显特征之一。而女人又往往因为容貌姿色才处于优位。所以，女人对容貌、衣着以及风度气质所带来的爱情生活、夫妻关系等相当敏感，很容易产生妒忌。比如，一个姑娘因有一张漂亮的脸蛋而被不少小伙子包围着，那些容貌平平的没有人追求的姑娘，自然会对她产生妒忌。这时，你作为男性，千万不要在女性之间当面夸赞其中某一姑娘：“某某真漂亮!”“某某的穿着打扮真时髦!”“某某的气质太迷人了!”“某某的男朋友我见过，特帅，特有魅力!”这不仅会引起其他女性的妒忌，而且会对你产生一种莫名的敌意。

男性之间的妒忌大多因名誉、地位、事业所致。男人对社会活动能力、工作业绩、创造手段等最为关注，也最易导致相互妒忌。比如，某人升了职而赢得不少漂亮姑娘的追求。某人因才华出众、能说会道而显身扬名等等，都会受到身边

其他男人的妒忌。因此，在男性之间，作为女人的不宜当众评头论足，说什么“某某真能干!”“某某女朋友真标致!”“某某和你一块来的吧？现在已经是厂长了!”尤其作为妻子，更不宜有所比较地奚落自己的丈夫：“你看人家小王，学理科的出身，却发表了那么多的小说，稿费一拿就是几万块！亏你还是学中文的!”如此，就是再敦厚的人也会生出对他人的妒忌之心来，导致家庭、邻里、同事之间关系的僵化和冷漠。

学会成功运用默语

常言道："沉默是金"。沉默虽然是一言不发，但并不是空无一物，沉默背后所蕴含的内容才是它真正的力量。

沉默也是语言，甚至是谈判桌上的一件利器。

如果对方提出不合理的要求，或者你对他所说的东西感到厌烦，最好是坐在那里，一言不发。

我们有时会看到这样的现象：一位谈判者在和别人谈话中，当他感到乏味时，会拿起桌上的报纸或其他什么，随便翻阅起来，这是暗示对方，报纸虽然很乏味，也比你的话有意思。

这种做法，知趣者自然会停止谈话。

谈判中，恰到好处的沉默也是一种艺术，所谓"此时无声胜有声"。

英国政治家赖白斯在一次演讲中，突然停顿，取出了表，站在讲台上默默注视观众，时间长达 72 秒之久。正当听众迷惑不解之时，他说："诸位刚才所感觉到的、局促不安的几秒长的时间，就是普通工人垒一块砖所用的时间。"赖白斯以默语（即话语中短暂的间隙，又称停顿）的方式来表现演讲内容，实属高超，这是吸引听众注意力的一种方法。谈判中默语所表达的意义是丰富多彩的。它既可以是无言的赞许，也可以是无声的抗议；既可以是欣然默认，也可以是保留己见；既可以是威严的震慑，也可以是心虚的流露；既可以是毫无主见、附和众议的表示，也可以是决心已定、不达目的绝不罢休的标志，谈判者应根据谈判进展和现场气氛，分析对手沉默的真实含义，从而做出应对之策。

当然，在一定的语言环境中，默语的语义是明确的。

林肯在辩论中善于使用默语，甚至运用默语反败为胜。

林肯和道格拉斯著名的辩论接近尾声之际，所有的迹象都显示出林肯已失败。

在林肯最后的一次演说中，他突然停顿下来，默默站了一分钟，望着他面前那些半是朋友半是旁观者的群众面孔。

然后，以他那独特的单调声音说道："朋友们，不管是道格拉斯法官或我自己被选入美国参议院，那是无关紧要的，一点关系也没有。但是，我们今天向你们提出的这个重大的问题才是最重要的，远胜于任何个人的利益和任何人的政治前途。朋友们——"

说到这儿，林肯又停了下来，听众们屏息以待，惟恐漏掉了一个字。

"即使道格拉斯法官和我自己的那根可怜、脆弱、无用的舌头已经安息在坟墓中时，这个问题仍将继续存在……"

林肯在辩论中，巧妙运用默语，一举扭转败势，是成功运用默语的经典。

默语不仅可以增强语言的效果，还可以作为谈判中一种有效的策略。

比如，你提出一个诚恳的建议，而对方却给了你一个不完全的回答。这时，你应该等下去。用耐心的沉默让对手感到不自在，非得用回答问题来打破僵局不可。

要注意的是，你提出问题沉默后，不要继续提出其他问题或发表评论，以防止对手抓出话柄，这样，默语才有可能奏效。

用沉默来对付饶舌的对手，要注意礼貌问题。如果对方在兴致勃勃的讲述，你却表现得极不耐烦，或无动于衷，那都是不礼貌的。

但如果你随声附和一两句时，对方会误认为是对他的赞同，他述说起来就会更起劲。

你不妨采取这种方式的沉默：不时地劝酒端茶或者不时地看看表。这样，多数人见到这种姿态就会终止谈话。当然，也有少部分人故意视而不见，非得讲完不可。

这时，你可以做一些明显动作：如动一动身体；故意上一趟厕所；

借故干点别的什么事。

如果担心这些动作还是有不礼貌之嫌，你可以眼睛故意不看对方，而看身旁的某处。

从道理上讲，听别人说话时应当看对方眼睛才算有礼貌。

但游离的目光会影响沟通效果，减弱对方讲话的兴致。

让别人先吐为快

大智若愚者不愿处处表现自己，而是以一种低姿态出现在他人面前，所以往往让人误认为其能力不佳。其实，适时的隐退和沉默也是一种智慧。

一个经常只顾自己说话的人，可以说很难把事情办成。社会上这种颇令人伤脑筋的人到处都有，他们对于自己总是近乎陶醉，常滔滔不绝地说个没完，他们经常以演说家的姿势从头说到底，这种人常常不管对方想不想听，总是兴高采烈地说个不停，似乎献宝般地大肆炫耀自己的所见所闻，不知哪句话就会把对方给得罪了。与其这样，不妨满足对方好为人师的心理，做个好学生。

古人云："人之恶在于好为人师"，从中可见一般人都有这样的心理，除了爱听奉承话之外，也愿做别人的老师。

在日常生活和求职就业的过程中，在与他人交往，你也不妨做一个忠诚的听众，把别人都当成自己的老师，少说多听，做一个学生，给对方充分表现自己的机会，最后达到自己的目的。这就是"甘为人徒"的根本所在。

日常工作中与人交往时，"闭嘴"可使你得到好处，有时可以帮你免掉自找苦吃之虞，有时还可以帮助你成功地做上一笔好买卖。

那么，是不是我们什么都不说，只一味地去听呢？当然不是。假如一句话都不说，别人即使不认为你是哑巴，也会认为你对谈话一点兴趣都没有，反应冷漠。这样会使对方觉得尴尬、扫兴，不愿再说下去。到底多说好，还是少说好呢？这就要看交谈的内容和需要了。如果你的话有用，对方也感兴趣，当然可以多说；倘若你的话没有什么实质内容和作用，还是少说为佳。即使你对某个活题颇有兴趣和见解，也不要滔滔不绝，没完没了，更不要打断别人，抢话争讲，因为那样会招致对方厌烦，甚至破坏整个谈话气氛。

专注认真地倾听别人谈话，向对方表示你的友善和兴趣，这样做的最大价值就是深得人心，能使双方感情相通，休戚与共，增加信任度。

在谈话过程中，你若耐心倾听对方谈话，等于告诉对方，“你说的东西很有价值”或“你值得我结交”，等于表示你对对方有兴趣。同时，这也使对方感到他的自尊得到了满足。由此，说者对听者的感情也更进一步了，“他能理解我”“他真的成了我的知己”。于是，二人心灵的距离缩短了，只要时机成熟，两个人就可以成为好朋友。

由此可见，适时的缄默对人际交往十分有益。让他人先吐为快，既表示了对其尊重，又能借机了解为人。此外，你低调的言行又会使对方感到你的和善、谦逊。这样看来，与其自顾自地滔滔不绝，倒不如将说话的机会让给他人。有人认为，言行低调可能会被人蔑视或忽略，得不到关注。事实上，低调一些，你会赢得更多的好感、机遇，以及朋友。

只要对人际关系融洽的人和人际关系僵硬的人做个比较，就会明白，越是善于倾听他人意见的人，人际关系就越理想。就是因为，聆听是褒奖对方谈话的一种方式。

|第十章|

心平气和：快乐幸福的生活艺术

只有在心态上保持心态平静和平和，才能够理性去做事，去追求自己最大的利益和幸福。大智若愚者深知保持良好心态的重要性，他们会控制好情绪，保持心态平衡，不随便为小事生气，不把闲事挂心头，不把得失放心头，并学会制造好心情。这使他们能够永远都保持一种积极和快乐的心态，从而在人生的旅途中把握自我和超越自我。

生存本领

拥有良好人生需保持平静心态

凡事顺应自然规律的发展，保持平静的心态，就足以拥有良好的人生。

对于生活中种种变化无常的事，要学会用平静的心态来面对。你要在心里想："人生在世，就是因为有些自己无法知了的事才有趣味。"

你要和自己定下契约："无论发生任何事，我都能应付。"你要用平静的心来解释生活中发生的不幸："万一房子被火烧了，我就搬家；万一老板解雇我，我就先辞职；万一我被汽车撞了，我就脱离苦海了！"就是这么简单。

这不是玩世不恭，只是实事求是。这不是消极悲观，只是心态平静。这不是懦弱无知，只是保持低调之心。地球是个危险的地方，每天不知道有多少人死于非命！但是，这并不表示你就非要活得像惊弓之鸟一样。

当你平静又从容时，你会很惊讶地发现自己能做到的事情有很多很多。

有一个女同志，她美丽而又文静，说话语速总是慢慢的，音量总是小小的；但她很能说到人的心底里去。

在工作上她的业绩说不上骄人，但也无可挑剔；在婚姻上她嫁给了相爱的普通人，日子过得波澜不惊。她有一个聪明可爱的儿子，但她不要求孩子学这学那，双休日一家三口就去游玩。与周围一些拼尽全力却活得七上八下不尽如人意的人相比，大家总觉得她的人生本来还可以更为灿烂，而她没有去做。

对她的人生状态，大家非常欣赏。在一个难得的机会中，她的一个朋友问起了她的生活哲学。她说她父亲一句话决定了她的人生。

读初中时她的体质非常弱，大多数体育活动都没法参加，这使她的体育课自然不会及格，然而她学习又非常争胜好强，偶尔有一门功课得不到第一就会难过，就会自责。因此，父亲说：以你的条件，你不必样样追求优秀，但你可以做到良好。她很听父亲的话，比较轻松地将每门功课都保持了良好，同时她的体质也恢复到了良好的状态。高中毕业她给自己的定位是考上一所普通大学，压力不重反而发挥良好，她轻松地考上重点大学。毕业时她那专业极其紧俏。重点大学又可以在全国范围内选择工作，她却选择了中等城市的专业对口单位，她只求离父母近些，就嫁给了一个爱她的丈夫……就这样她不急不躁地构筑她的良好人生。

良好人生肯定不被小说家与剧作家看好，因为良好人生不能成为他们创作的素材。他们更感兴趣的大都是些事业有成而家庭破裂，辉煌的阴影里藏匿着堕落，幸福来临却紧随着死神，那些有一项优秀就难免有一项不及格的人生。

生活是乖戾的，倘若某个人的某个单项特别的优秀，他人生的另一重要单项的缺憾往往也特别的大。或者是，正因无可弥补的缺憾，才发奋地追求优秀。然而，这样一来自然会失去平静的心态，从而导致我们生活节奏加快，压力、紧张、激动都会随之而来。这种情况下，我们会急躁不已，很容易为小事烦恼。所以让我们用平静的心态面对人生吧！

只有这样，我们才可以当吃则吃，该睡则睡；白天轻松工作，黄昏相约散步，保持生活的逍遥自在。

良好的人生是和低调分不开的，它表面上在外人看来是十分的普通，十分的平常，没有一丝的激情。然而这就是低调人生的本质所在，它可以使人们的生活得到内心的满足，回归到内心的平静，从而得到真实的自己。可以说，平静的心态，低调的人生，才是人们所追求的真正的人生。

不让情绪随便主宰自己

每个人都有自己的情绪，但你绝不能轻易对它妥协，不管多么难于控制，你都要把它捏得紧紧的。情绪处理得好，可以将阻力化为动力。

小张是一个公司的业务员，一天，他去拜访一个客户，走之前，他在镜子前审视了一下自己的形象，确定没有什么纰漏了，就出了门。

小张来到客户所在的公司以后，碰巧这个客户正因为家里的事情而烦躁不安，一看到小张，气就不打一处来，显出一副很不耐烦的样子，说："你又来烦我，我现在没心情，什么也不管！"说完这些，捎带着还把小张所在的公司和小张都揶揄了一番，言辞刻薄，目的就是要把小张赶走。

小张忍住怒气，克制住情绪，他理了理袖子，然后上下抚摸自己的胸口，就像捉住什么东西一样，然后把这个东西，塞进了衣兜里。

客户很奇怪，就问："你在干什么？把什么东西放进衣兜了？"

"哦，我把刚才的怒气、沮丧都放进了我的衣兜，所以现在我才能面带微笑心平气和地和你说话呀。"小张微笑着对客户说。

客户听后备受感动，想起自己刚才的失态，连忙道歉说："那我也把我的怨气放进口袋，希望你能原谅我刚才的失态。"

随后，他们开始了愉快的交谈，客户还很爽快地签了订单。

把所有情绪都表现在脸上，根据情绪来做事情，这是一种率真的表现，可以说，并不是什么大的缺点。但是，一个真正成熟的人不会让情绪主宰自己的行为。任由情绪发泄的做法常常让人不能冷静地思考问题，也往往使人不能作出最佳的选择。而且，说哭就哭、说笑就笑不利于赢得别人的尊重，不合时宜地表达喜怒哀乐还会招来祸患。

精明的人有控制情绪的一流功夫。喜怒不形于色，别人无法从他的脸上看出他内心真实的想法，也就无法控制他，即使通过一些蛛丝马迹作出了判断，也往往是错误的。

工作中有太多的事情需要冷静面对，有太多的情况需要韬光养晦，如果一味任由情绪表露于外，虽然能够一时间将情绪宣泄无余，从而感到畅快淋漓，但势必会给别人以可乘之机，如果因为情绪而使自己遭受损失，实在得不偿失。

所以，还是从现在开始，训练你的自制力吧。

别老是跟自己过不去

给自己一份宽容，不要过分地去苛求什么。看开一些，适当的时候不用太在乎别人的看法，也没有必要为自己的错误而懊恼不已，记住：除了你自己，没有人会把你更当一回事。放开一些，洒脱一些会更好。

“闭门常思己过，闲谈莫论人非。”这话听起来好像很有几分道理，甚至成了现代不少人处世的至理名言。每当我们在生活中遇到了麻烦：或与别人发生矛盾，或因某句不适当的话伤了别人，要么因自己的言行太直率得罪了不该得罪的人，要么因自己不讲方式、不分场合、不肯曲意随和而因此失去了良好的人际关系，因此而常常苦恼。于是开始怀疑自己的处世能力：是否由于自己的修养不够？是否自己在社交方面有什么缺陷？

市面上有很多这方面的书，而且看了之后自然也会感到有所收益，但真正的好处也像吃肉一样，不是吃一块，我们的身上马上就会长一块，这需要一个过程，要经过一个漫长的消化、吸收过程。

但问题是，我们在很多方面出现的这种现象，并不是我们自己的错。有时候，率直、见棱见角的性格，更让人喜欢。一个年轻人，如果像中年人一样圆滑和世故，也就少了几分朝气、锐气和胆识，也就没有了那种打破常规的创新精神，也就很难有多少大的作为。一个人只要不是故意中伤别人，不是恶意给别人制造麻烦，你多保留自己一份个性，就会有更大的社会价值。

而实际上，一个懂得为人处世之道的有修养的人，也就是懂得如何与自己性情相投的人多来往，和自己谈不来的人，保持一种和平淡远的距离。不因别人对自己友好而沾沾自喜，也不因别人对自己有意见而耿耿于怀，更不勉强自己曲意迎合别人甚至众人。

只要你善于留心，你很快会发现别人的优点，只要你认真地找。当然，我相信，你如果认真的耐心地找，你也会找到你身上的很多的优点。

不要太多的责怪自己，更不要妄自菲薄，要善于发现自己身上的优点，并爱你的优点，从而使这些优点发扬光大，使其更加鲜明，时间一久你就会产生新的自信，就不会觉得自卑。

当你宽容别人的时候，你会感到一种像海一样的胸怀。当你从另一个角度来宽容自己的时候，你会放下一种沉重的包袱，有如释重负般的轻松。也许你不像春天的花朵那样招人喜爱，可是在你的身上毕竟有那么多闪光的优点。

爱你自己的个性吧，不要太曲意于社会，也不要太苛求自己，多给自己一份宽容，这样你就会有更大的生长空间。

没有苛求的人生才豁达。人在各个年龄阶段，对人生、社会的看法都会有差异。随着岁月流逝，时有新的感悟与心得，先前的感悟不断得以修正。青年时雄心勃勃，憧憬如彩云缤纷，到了中年，锐气已失，棱角磨平，遇事便实际而少幻想，平和而少偏激。

我的一位朋友年过不惑，虽无一官半职，单位又属清水衙门，但他却对自己的一切十分满意。在一次闲聊中，他说：人生只有短短几十年，何必太计较得失进退？一切看开一些，少些欲望，也就少些失望，多些满足。你看我虽地位低微，不也活得很好？

相信他并非无奈而故作轻松，因为他一直工作兢兢业业，待人热情大方，随时都笑容可掬。不要苛求多是中年以上的人，经受了诸多磨难，迈过了无数门槛，历练既久，又比较了许多别的人生，才进入练达的境界。

古人也看清了这种现象，归于“四十而不惑”。一个社会无论人怎样奋斗，结果总是造就一个金字塔，越往上人越少，底层的总是多数。身处底层，并不说明你就无能，更不说明你就无德，谁也不一定把握得住自己的命运，这取决于许多主客观条件。但生活的态度却是可以由各人选择的。

“不要苛求”说起来轻松，实行起来却不容易，因为现实的诱惑不经过一番灵魂的拼搏，是难以挡得住的。哪怕你有多高的道德文化修养，修炼得如何老到，你毕竟是食人间烟火的凡人。无论哪个社会，都充斥着不公平，不公平的事落到你头上，你就会心理不平衡，就可能夜晚在床上辗转反侧，久不成寐。

要使心理平衡，最终还得靠“不要苛求”这根杠杆来调节。然而，不要苛求并非彻底看透人生。把人生看得太透，从生到死，一览无余，人生就变得毫无意思，甚至生和死都可以划等号了。把人生看的太透的，毕竟是少数。他们说“看破红尘”，其实多属自以为是。

有一种现象貌似不要苛求，其实是对人生的意义什么都看不见。其表现是，生活中浑浑噩噩，百无聊赖，得过且过。

鲁迅说：“不满是向上的车轮。”合理把握在一个适当的度内，可以成为一个人奋发向上的内驱力。消极颓废，和疯狂争名夺利一样，都是不健康的社会现象。

人生在世，坦然接受自己是至关重要的！你的一切，包括你的样子、你的兴趣、你的事业都只属于你自己，又何必在乎别人怎么想，怎么说呢？当然，这种事情说来容易，做起来可就难了。如果你的头脑里已经塞满了成千上万的偶像，又怎么会不在乎你的样子会像谁呢？有一点你必须记住：你只能像你自己，你也只能是你自己！

学会用你自己的双脚走路，坦率地面对你的优点和不足。你比你想象的要好得多，不必斤斤计较别人对你的评价。

得而不喜，失而不忧

在荣辱问题上，能做到“宠辱不惊、去留无意”，这才叫潇洒自如、顺其自然。

如何看待荣辱？什么样的人生观自然会有什么样的荣辱观，荣辱观是人生观的重要体现。有人以出身显赫作为自己的荣辱，公侯伯子男，讲究某某“世家”，某某“后裔”。在商品经济社会里，荣辱则以钱财多寡为标准。所谓“财大气粗”“有钱能使鬼推磨”“金钱是阳光，照到哪里哪里亮”，以及“死生由命，荣辱在钱”“有啥别有病，没啥别没钱”等俗话正是揭示了以钱财划分荣辱的标准。现实生活中人们的荣辱观确实在金钱诱惑下发生了变异、动摇、失落。还有一种是“以貌取人”，把一个人的容貌长相、穿着作为划分荣辱的标准。

以家世、钱财、容貌来划分荣辱毁誉的人，尽管具体标准不同，但其着眼点，思想方法都是一致的。他们都是以纯客观的外在条件出发，并把这些看成是永恒不变的财富，而忽视了主观的、内在的、可变的因素，导致了极端的、片面的错误，结果吃亏的是自己。

一个人凭自己的努力实干，靠自己的聪明才智获得荣誉、奖赏、爱戴、夸耀时，仍然应该保持清醒的头脑，有自知之明，切莫受宠若惊，飘飘然，自觉豪光万道，所谓“给点亮光就觉得灿烂”。

宠辱不惊，当如阮籍所云“布衣可终身，宠禄岂可赖”。一切都不过是过眼烟云，荣誉已成为过去，不值得夸耀，更不足以留恋。有一种人，也肯于辛勤耕耘，但却经不住玫瑰花的诱惑，有了点荣誉、地位就沾沾自喜，飘飘欲仙，甚至以此为资本，争这要那，不能自持。更有些人“一人得道，鸡犬升天”，居官自傲，横行乡里，他活着就是为了不让别人过得好。这些人是被名誉地位冲昏了头脑，忘乎所以了。

日本有一个白隐禅师，他的故事在世界各地广为流传。故事讲的是：有一对夫妇，在住处的附近开了一家食品店，家里有一个漂亮的女儿。无意间，夫妇俩发现女儿的肚子无缘无故地大起来。女儿做了这种见不得人的事，使得她的父母异常震怒。在父母的一再逼问下，她终于吞吞吐吐地说出“白隐”两个字。

她的父母怒不可遏地去找白隐理论，但这位大师对此不置可否，只若无其事地答道：“就是这样吗？”孩子生下来就被送给白隐。此时，他虽已名誉扫地，但他并不以为然，只是非常细心地照顾孩子——他向邻居乞求婴儿所需的奶水和其他用品，虽不免横遭白眼，冷嘲热讽，但他总是能处之泰然，仿佛他是受托抚育别人的孩子一样。

事隔一年之后，这位未婚的妈妈，终于不忍心再欺瞒下去了。她老老实实地向父母吐露真情：孩子的生父是在鱼市工作的一名青年。她的父母立即将她带到白隐那里，向他道歉，请求他的原谅，并将孩子带回。白隐仍然是淡然如水，他只是在交回孩子的时候，轻声说道：“就是这样吗？”仿佛不曾有什么事发生过；即使有，也只像微风吹过耳畔，霎时即逝。

白隐为了给邻居的女儿以生存的机会和空间，代人受过，牺牲了为自己洗刷清白的机会，虽然受到人们的冷嘲热讽，但是他始终处之泰然，“就是这样吗？”这平平淡淡的一句话，就是对“宠辱不惊”最好的解释，反映了白隐的修养之高，道德之美。

人生无坦途，在漫长的道路上，谁都难免要遇上厄运和不幸。人类科学史上的巨人爱因斯坦，在报考瑞士联邦工艺学校时，竟因三科不及格落榜，被人耻笑为“低能儿”。小泽征尔这位被誉为“东方卡拉扬”的日本著名指挥家，在初出茅庐的一次指挥演出中，曾被中途“轰”下场来，紧接着又被解聘。为什么厄运没有摧垮他们？因为在他们眼里始终把荣辱看作是人生的轨迹，是人生的一种磨炼，假如他们对当时的厄运和耻笑，不能泰然处之，也许就没有日后绚丽多彩的人生。

19 世纪中叶美国有个叫菲尔德的实业家，他率领工程人员，要用海底电缆把欧美两个大陆连接起来。为此，他成为美国当时最受尊敬的人，被誉为“两个世界的统一者”。在举行盛大的接通典礼上，刚被接通的电缆传送信号突然中断，人们的欢呼声立刻变为愤怒的狂涛，都骂他是“骗子”“白痴”。可是菲尔德对于这些毁誉只是淡淡地一笑，不作解释，只管埋头苦干，经过多年的努力，最终通过海底电缆架起了欧美大陆之桥，在庆典会上，他没上贵宾台，只远远地站在人群中观看。

菲尔德不仅是“两个世界的统一者”，而且是一个理性的战胜者，当他遭遇到常人难以忍受的厄运时，通过自我心理调节，作出正确的抉择，从而在实际行为上显示出强烈的意志力和自持力，这就是一种理性的自我完善。

世上有许多事情的确是难以预料的，成功伴着失败，失败伴着成功，人本来就是失败与成功的统一体。人的一生，有如簇簇繁花，既有火红耀眼之时，也有暗淡萧条之日，面对成功或荣誉，要像菲尔德那样，不要狂喜，也不要盛气凌人，而是要把功名利禄看轻些，看淡些；面对挫折或失败，要像爱因斯坦、小泽征尔那样，不要忧悲，也不要自暴自弃，而是要把厄运羞辱看远些，看开些。这样就不会像《儒林外史》里的范进，中了举惹出祸端。范进一心想中举出名，可是几次考试都名落孙山，他饱受各种冷眼，连岳父也看不起他，他发奋学习，后来终于中了举人，然而由于狂喜过度，一口痰上不来，倒地而昏，变成了疯子。

人既要能经受住成功的喜悦，也要有战胜失败的勇气，成功了要时时记住，世上的任何一样成功和荣誉，都依赖周围的其他因素，绝非你一个人的功劳。失败了不要一蹶不振，只要奋斗了，拼搏了，就可以问心无愧地对自己说：“天空没有留下我的痕迹，但我已飞过。”这样就会赢得一个广阔的心灵空间，得而不喜，失而不忧，才能在人生的旅途中把握自我，超越自己。

学会自己制造好心情

一位学者指出：你改变不了环境，但你可以改变自己；你改变不了事实，但你可以改变态度；你改变不了过去，但你可以改变现在；你不能控制他人，但你可以掌握自己；你不能预知明天，但你可以把握今天；你不可以样样顺利，但你可以事事尽心；你不能延伸生命的长度，但你可以决定生命的宽度；你不能左右天气，但你可以改变心情；你不能选择容貌，但你可以展现笑容。

屠先生是常州著名的资本家，那年头他下放在苏皖边境的一个山野小村，这里茅屋简陋，人烟稀少，土黄水黄草黄，人的脸色也黄，连路也没有 5 米是直的，委屈自然不少。

有位朋友去看望他，说："你我是同乡，有什么不爽快，今日只管发出来。"他笑："你以为我在这里受罪？爽快着呢。养鸡、种菜、割草、喂牛，样样新鲜，人也特别善良。"

朋友猜度他可能有思想顾虑，接口问："难道你不恋城里生活？""城市？以前上泰山上黄山起五更爬大山为一睹日出，经常不是阴就是雨，扫兴而归。现在我喜欢哪天早点起身，都能见上日出，少说有 100 种日出看在眼里了。以前，一天，拖着两腿到公园去寻口新鲜空气，现在一出门就新鲜上了，随时俯下身，闭上眼，深深地吸上一口，什么满足都了了。过去上街买点菜，看上去水灵灵的，其实至少隔了一天，有的还浸了一夜水，让你怎么烧也出不来鲜味。现在，1 分钟前还在地里，10 分钟后就到嘴了。"

当然，下雨一身泥，屋里一团黑，离了电视，别了电灯，他全没有说也没有想。他的心情之所以这样好，那是他从来不让坏的情绪占据心房。朋友问他："你为什么这么开心？"他反问："我为什么不这么开心？"

是啊，我们为什么老是有那种缺乏，老是去想自己没有的？小孩就没有那种偏爱，那种固执，因此，即使他从天堂翻到了地狱，他也不会去懊丧去怨恨，所以，小孩总比大人们愉快。一个制造好心情的人，他能给世界添乐，把周围带活，而且这种乐和活并不要花费什么。

我们拥有的东西实在太少，而没有的东西又实在太多。如果我们能多看一点自己拥有的，那么，不仅物质上富有，精神上也一定十分富有。

法国思想家卢梭说得真切："真正的幸福之源就在我们自身，对于一个善于理解幸福的人，旁人无论如何也不能使他真正潦倒。"人生会有几段黑暗的峡谷要我们独自穿行，只有给自己制造好心情的人，才有可能从容地走向光明。

同是上班很近，一个制造坏心情的人会认为：太没劲了，成年累月呆在一个小圈子里转，真单调；一个制造好心情的人会认为：真幸运，我八点上班七点半起身也来得及。

如果同是上班很远，一个制造坏心情的人会认为：这么远，我等于比别人每天多上两小时的班，还得比别人多一倍警惕扒手的袭击；一个制造好心情的人会认为：我上下班这段路正好实现了我的早晚锻炼，我要做件衣服什么的，一路上都有人给我提供模特，穿件漂亮些的衣服接受欣赏的目光也多些。

"人有悲欢离合，月有阴晴圆缺"，再顺当的人生也有残缺。生活不会自己变得轻或重，灾难也不会因为你的祈祷或诅咒转弯改道。但是，你却有办法改变你的心情和感受。如果不是硬与自己过不去，应当学会制造出一些好心情和好感受，并且可以说，制造好心情永远是创造美满人生的一大技法。不仅遇上挫折和烦恼时需要，就是遇上单调和平淡时也需要。

不能改变环境，但可以改变心情。有了好心情，幸福还会远吗！

保持心态的平衡

在竞争激烈的环境中，人人都渴望成功，并希望早日成功、出人头地。这种进取向上的精神是可贵的，但在进取的同时，还要注意其他的一些问题，其中最重要的就是要保持心态平衡。

南北朝时，颜之推编写了《颜氏家训》一书，里面尽是一些智慧的语录，绝无偏激之言。

颜之推从不喜欢极端的言行，而是谨守自身分寸，崇尚中庸之道。“欲不可纵，志不可满”，此为《礼记》中的著称之言，其意为欲望和想法不能完全放纵，必须考虑与他人相处是否影响对方，造成彼此的伤害，如何与人协调平衡才是最重要的一点。

颜之推引用此语，再作一番议论：“宇宙可臻其极，惰性不知其穷，唯在少欲知足，为立涯限尔。先祖靖侯戒子侄曰：‘汝家书生门户，世无富贵；自今仕宦不可过二千石，婚姻勿贪势家。’吾终身服膺，以为名言也。”世人皆喜高官厚禄，却不想随之而来的嫉恨之灾与逸乐之祸。他们大抵喜欢追求地位、名利，然而其欲望愈深，招来风险愈大，且风险性也在不知不觉中增强，更无从判断这虚名与钱财构筑的高台何时倒塌。这种现象在乱世之中最为明显，所以颜之推才告诫子孙切勿贪图高官厚禄，能位居中层最好。

靖侯乃颜之推的祖先，仕于东晋，因为屡建奇功，所以升至极高的官职，也因此引来桓温试图与之结盟的事件。当时朝中权势最大、拥有呼风唤雨实力的人非桓温莫属，他见到靖侯军权在握，为稳固自己的权位，便以招亲为诱饵，想要加强彼此的势力。然而，靖侯面对桓温，却一口回绝了。这是一般人绝对难以做到的，谁不想攀龙附凤，借机拉拢位高权重者，以保障自身的利益呢？唯独靖侯不这么想，他担忧的是勾结权贵、结党营私势必会引来灾祸。而且，他考虑到树大招风，权势过高的家族易招他人嫉恨，倘若有心胸狭隘者存心陷害，这种家族又怎能长久呢？如果不多加考虑，便与这种大家族结亲，便不知何时会遭受连累，枉受无妄之灾。万一被诛九族，家族命脉便中断无继。由于考虑到这些，为求自家之福，靖侯便以此慎重地告诫子侄。

其孙颜之推谨守祖训，凡事均抱持适可而止的态度。他说："天地鬼神之道，皆恶满盈。谦虚冲损，可以免害。人生衣趣以覆寒露，食趣以塞饥乏耳。形骸之内，尚不得奢靡，己身之外，而欲穷骄泰邪。"

那么，如何生活才是颜之推所能接纳，并符合中庸之道的呢？他说："常以二十口家，奴婢盛多不可出二十人，良田十顷，堂室才蔽风雨，车马仅代杖策，蓄财数万，以拟吉凶急速，不啻此者，以义散之；不至此者，勿非道求之。"

这段话如果以现代人的眼光来看，可能会令人有些疑惑，甚至误解他所谓的质朴俭约。原来他所谓的简朴竟是如此丰富的物质生活！但我们不要忘了，古代社会地大物博，人口稀少，更何况颜家乃当时的贵族之家，其维持贵族身份地位所需条件当然比一般百姓要高。在上段引用话语中，颜之推不过是列出贵族生活的最低需求罢了！单纯就其观点而言，他依然不主张过度奢华地生活。

同样，在仕途上，颜之推也抱持适可而止的心态，不奢求高官厚禄，因此他说："仕宦称泰，不过处在中品，前望五十人，后顾五十人，足以免耻辱，无倾危也。高此者，便当罢谢，偃仰私庭。"

这种生活态度，大多数人必以"消极"称之，或许在局势稳定的情况下，不求仕途上的进取便无法发挥所长，而这种不求"上进"的态度自然被视为消极的生活态度了。然而换个角度设想，假使处于动荡不安、竞争激烈的时代，积极求进达一高峰，却因政局变化而遭贬谪，如此升高降低，自己的生活必然受到极大的影响，势必使人难以适应。因此，颜之推所设定的仕途限制也不无道理，乃是符合时代局势的一种合理的生活态度。

我们处在一个积极变化的社会中，很多新事物在不断涌现，很多新的行业也在积极发展，在这样的浪潮中，在积极追求个人事业巅峰的时候，我们不妨思及颜之推倡导的人生态度，试图了解知足常乐的情趣，捕捉中庸之道的精髓，稍稍放慢生活步调，才不易陷入过度偏激的生活泥沼之中。

培养自己积极的心态

没有一种生活是完美的，也没有一种生活会让一个人完全满意，我们可能做不到从不抱怨，但我们应该让自己少一些抱怨，而多一些积极的心态去努力进取。

在日常工作和生活中，我们可以随处就能找到时常抱怨的人。抱怨自己的专业不好，抱怨住处很差，抱怨没有一个好爸爸，抱怨工作差、工资少，抱怨自己空怀一身绝技没人赏识。其实，现实有太多的不如意，就算生活给你的是垃圾，你同样能把垃圾踩在脚底下，登上世界之巅。

在职场上，很多人认为只要把自己的本职工作做好，把分内的事做好，就可以万事大吉了。当接到老板或上司安排的额外工作时，就老大不愿意。不是满脸的不情愿，就是愁眉不展，唠唠叨叨地抱怨不停。

在彼得担任汽车公司经理时，有一天晚上，公司有十分紧急的事，要发通告信给所有的营业处，所以需要抽调一些员工协助，当彼得安排一个做书记员的下属去帮忙套信封时，那个职员傲慢地说："那有碍我的身份。分外的事我不做，再说我到公司来不是做套信封工作的。"

听了这话，彼得一下就愤怒了，但他仍平静地说："既然不是你分内的事就不做，那就请你另谋高就吧?"那个员工就这样失去了工作。一个勇于负重、任劳任怨，被老板器重的员工，不仅体现在认真做好本职工作上，也体现为愿意接受额外的工作，能够主动为上司分忧解难。因为额外工作对公司来说往往是紧急而重要的，尽心尽力地完成它是敬业精神的良好体现。

如果你想成功，除了努力做好本职工作以外，你还要经常去做一些分外的事。因为只有这样，你才能时刻保持斗志，才能在工作中不断地锻炼、充实自己，才能引起别人的注意。

飞利浦是一家公司的员工，他的升迁是非常迅速的，为什么他会得到一再提拔呢？原因就是他乐意去做他分外的事，从而引起了老板的注意。

飞利浦总是在忙完自己的工作后，不断地为他人提供服务和帮助，不管那个人是他的同事还是上司。飞利浦将那些分外的工作，也当做自己的事来做，任劳任怨，不计报酬。渐渐地，老板有了只找飞利浦帮一个小忙或分担一些重要工作的习惯。

接到额外工作时，不要愁眉不展，抱怨不停，多做分外工作对你的成功大有好处。它不仅会使你会获得良好的声誉，多一次学习和锻炼的机会，而且还是一笔巨大的无形财富，在你的职业发展道路上总是有好处的。它会使你尽快地从工作中成长起来。

因为如果抱怨成了一个人的习惯，就像搬起石头砸自己的脚，于人无益，于己不利，生活就成了牢笼一般，处处不顺，处处不满；反之，则会明白，自由的生活着，其实本身就是最大的幸福，怎么会有那么多的抱怨。

伟大的航海家哥伦布，曾先后 4 次率领船队横渡大西洋，发现了加勒比海内所有的岛屿，以及中美洲地峡和南美洲大陆。他能够在航海事业上取得如此大的成就，远离抱怨是其中一个重要原因。哥伦布的成功是多种因素构成的。但是，如果他遇到困难的时候总是抱怨个不停，他就不能果断地采取行动，就不能找到陆地，更不能安全返回西班牙。他的与众不同之处，就是远离抱怨，冷静地面对现实，接受事实，并积极想办法解决问题。这才是一个成功者遇到问题时应该采取的态度。

我们应该以积极进取的态度去面对人生，无论在学习、工作，还是生活。我们前进的道路上或许有鲜花和掌声，同时也会有困难和挫折，事事不可能一帆风顺，但有了积极进取的精神，在生活中就会奋发向上，不甘落后，因为人生只是短暂的一瞬，生命的弓弦应该是紧绷不松的。生命不息，奋斗不止，应该是每个人生存的原则，要把握机遇，就要积极进取，时刻准备着。机遇不会随便来到你的身边，即使有幸到来了，如果来到没有准备的头脑身边，也是来去一场空。我们要抛弃抱怨的心态，积极进取，做一个机遇喜欢光顾的人。

勿用烦恼面对一切

我们生活的这个世界是什么样子？莎士比亚曾说：“一千个观众眼中有一千个哈姆雷特。”佛家有言：心存牛粪，看人都是牛粪；心存如来，看人都是如来。每个人对世界、对人对物都有自己的看法，善美还是丑恶，快乐还是痛苦，完全取决于一个人的心境。

我们所看到的是什么样的世界，完全取决于我们的内心。假使我们以嗔恨之心去看世界，那么我们看到的就是罗刹世界；假使我们以贪欲之心去看世界，则会看到饿鬼世界；假使我们以怨恨、嫉妒之心去看世界，那么我们看到的就是阿修罗世界。

换一种心境，假使我们能够放下我们痛苦的烦恼心，以清净之心去看世界的话，那么我们就能够窥见那神圣、清净与和乐的净土世界了。净土世界其实遍布一切世间和出世间，往生净土与人间之净土并没有差异，净土就在我们心中，对于能够洞彻本自心性的人来说，当下便是净土！

有一个女人已经 34 岁了，过着平静、舒适的中产阶层的家庭生活。但是，她突然连遭四重厄运的打击。丈夫在一次事故中丧生，留下两个小孩。没过多久，一个女儿被热水烫伤了脸，医生告诉她孩子脸上的伤疤终生难消，母亲为此伤透了心。她在一家小商店找了份工作，可没过多久，这家商店就关门倒闭了。丈夫给她留下一份小额保险，但是她耽误了最后一次保费的续交期，因此保险公司拒绝支付保费。一连串不幸事件让女人近于绝望。她左思右想，为了自救，她决定再做一次努力，尽力拿到保险补偿。在此之前，她一直与保险公司的下级员工打交道。当她想面见经理时，一位多管闲事的接待员告诉她经理出去了。她站在办公室门口无所适从，就在这时，接待员离开了办公桌。

机遇来了。她毫不犹豫地走进里面的办公室。结果，看见经理独自一人在那里。经理很有礼貌地问候了她。她受到了鼓励，镇静地讲述了索赔时碰到的难题。经理派人取来她的档案，经过再三思索，决定应当以德为先，给予赔偿，虽然从法律上讲公司没有承担赔偿的义务。工作人员按照经理的决定为她办了赔偿手续。

但是，由此引发的好运并没有到此中止。经理尚未结婚，对这位年轻寡妇一见倾心，他给她打了电话。几星期后，他为寡妇推荐了一位医生，医生为她的女儿治好了病，脸上的伤疤被清除干净。经理又通过在一家大百货公司工作的朋友给寡妇安排了一份工作，这份工作比以前那份工作好多了。不久，经理向她求婚。几个月后，他们结为夫妻，而且婚姻生活相当美满。

这个女人虽身处绝境，但她的心没有绝望，所以她也没有永远处于绝境。只有内心美好，才能看到一个世界的美好；唯有内心坦荡，才能逍遥地活在天地之间。

牢骚太盛防肠断

“牢骚太盛防肠断，人间正道是沧桑”。现实就是如此，我们必须坦然面对，不能只知发牢骚，否则，如果在牢骚中错过了人生正点的班车，那又将会在抱怨中错过下一次坐正点班车的机会。正如泰戈尔所说：“如果错过了太阳时你流了泪，那么你也要错过群星了。”

街谈巷议，茶余饭后的聊天中，常常可以听见一些人牢骚满腹。他们往往都认为自己是世界上最委屈的一个，简直比窦娥还委屈。他们抱怨工作职位低，赚钱少，老板苛刻；抱怨生活上老婆丑、不温柔……总之，生活中一切不如他意的地方都要发一通牢骚，以泄私愤。

人毕竟是有感情，有欲望的，不能像老虎那样，只要吃饱，啥也不想，不会去想看电视，更不会想着找小秘；不能像狮子那样不论生熟，不论是煎炒烹炸，不论是国产的还是进口的，只要有肉吃即可。人总会有灰心气馁、不满意的时候，此时发点牢骚、骂几句娘倒也未尝不可，但如果整天牢骚满腹，不论大事小事，好事坏事，只要不合我意就怨天尤人，就未免有点不正常了。

有这样一个故事：

相传，有个寺院的住持，给寺院里立下了一个特别的规矩：每到年底，寺院里的和尚都要面对住持说两个字。第一年年底，住持问新和尚心里最想说什么，新和尚说：“床硬。”第二年年底，住持又问他心里最想说什么，他回答说：“食劣。”第三年年底，他没等住持问便说：“告辞。”住持望着新和尚的背影自言自语地说：“心中有魔，难成正果，可惜！可惜！”

新和尚对待世事都持一种消极的心态，所以才不能安于现状，一味报怨。而他的抱怨，也让他失去了修成正果的机会。

牢骚也好，抱怨也罢，都是因为抱有的心态不对，看问题的角度不对，如果能够以积极的心态，换个角度，相信人的心情会一下子好起来。事物在一个人心中的好坏，决定于此人的心态，而不是事物本身，正所谓“以我观外物，外物皆着我色”。牢骚满腹者，不妨转换一下心情，让乐观主宰自己，心情肯定会一下子好起来。下面这个故事讲的正是这样的道理。

中国有一位著名的国画画家俞仲林擅长画牡丹。

有一次，某人慕名要了一幅他亲手所绘的牡丹，回去以后，他高兴地挂在客厅里。

此人的一位朋友看到了，大呼不吉利，因为这朵牡丹没有画完全，缺了一部分，而牡丹代表富贵，缺了一角，岂不是“富贵不全”吗？

此人一看也大为吃惊，认为牡丹缺了一边总是不妥，拿回去预备请俞仲林重画一幅。俞仲林听了他的理由，灵机一动，告诉买主，既然牡丹代表富贵，那么缺一边，不就是富贵无边吗？

那人听了他的解释，觉得有理，高高兴兴地捧着画回去了。

同一幅画，因为心态不同，便产生了不同的看法。所以，凡事都应持一种积极的心态，往好处想，不是看什么都不顺眼，这样就会少些烦恼、苦痛、牢骚，多些欢乐、平安。

欣赏自己，肯定自己

任何对客观环境的不满和怨天尤人都是无济于事的，只有以积极向上的精神去面对，才是解决问题的最佳方法。同样的瓶子，你为什么要装毒药呢？同样的心理，你为什么要充满着烦恼呢？

如果把一个面包圈放在你面前，你会先看到面包还是先看到里面的圈呢？

乐观的人注意的是整个面包，而悲观的人注意的是面包圈中间的那个洞。我们对待生活的态度和情绪，就像变幻的天气。当你觉得悲观失望的时候，你所看到的事物都是处在一片阴霾之中，但如果你选择一种乐观的生活态度，你的生命中就会一直充满阳光。

苏格拉底单身时，和几个朋友一起住在一间七八平方米的小屋里。生活非常不便，但他一天到晚总是乐呵呵的。有人问："那么多人挤在一起，连转个身都困难，你有什么可乐的？"苏格拉底说："朋友们在一块儿，随时都可以交换思想，交流感情，这难道不是很值得高兴的事儿吗？"过了一段时间，朋友们一个个相继成家，先后搬了出去。屋子里只剩下了苏格拉底一个人，但是每天他仍然很快活。那人又问："你一个人孤孤单单的，有什么好高兴的？"苏格拉底说："我有很多书啊！一本书就是一个老师，和这么多老师在一起，时时刻刻都可以向它们请教，这怎能不令人高兴呢？"几年后，苏格拉底也成了家，搬进了一座大楼里。这座大楼有七层，他的家在最底层。底层在这座楼里环境是最差的，上面老是往下面泼污水，丢死老鼠、破鞋子、臭袜子和杂七杂八的脏东西。苏格拉底还是一副自得其乐的样子。

那人又好奇地问："你住这样的房间，也感到高兴吗？""是呀，你不知道住一楼有多少妙处啊！进门就是家，不用爬楼梯；搬东西方便，不必花很大的劲儿；朋友来访容易，用不着一层楼一层楼地去叩门询问……特别让我满意的是，可以在空地上养一丛一丛的花，种一畦一畦的菜。这些乐趣，数之不尽啊！"苏格拉底情不自禁地说。

过了一年，苏格拉底把一层的房间让给了一位朋友。这位朋友家有一个偏瘫的老人，上下楼很不方便。苏格拉底搬到了楼房的最高层，可是每天他仍是快快乐乐的。那人揶揄地问：“苏格拉底先生，住七层楼是不是也有许多好处呀！”苏格拉底说：“是啊，好处可真不少呢！仅举几例吧：每天上下几次 ，有利于身体健康；光线好，看书写文章不伤眼睛；没有人在头顶干扰，白天黑夜都非常安静。”

后来，那人遇到苏格拉底的学生柏拉图，问道：“你的老师总是那么快快乐乐，可我却感到，他每次所处的环境并不那么好呀！”柏拉图说：“决定一个人心情的，不是在于环境，而在于心境。”

你活得快不快乐，重要的是你是否欣赏自己，肯定自己。欣赏的角度不同，所得到的感受也迥然有异，或晴空万里或乌云密布，全在于你个人的选择！

一个人前往韩国庆州的石窟寺观佛。他站在佛像前看了许久，既没有感到佛的慈悲之像，也没有庄严肃穆之感。

正在他苦思冥想原因之时，寺中的住持走近对他说：“施主，你应当跪在佛像正前方的位置，才能得到他的精神。这不是让你膜拜，而是佛像的雕塑者是站在求神者的位置设想之后才建的。当你跪着看的时候，佛的下垂的眼睑会让你觉得是俯视的慈晖。”

那个人照此做了。果然如住持所说，艺术品的欣赏要站在某个特定的角度或距离才可以获得十足的神韵，那我们对待生活的态度不更应如此吗？欣赏的角度不同，所得到的感受也迥然有异，或晴空万里或乌云密布，全在于你个人的选择！

只有站好位置，选取最佳的角度，你才会发现美丽的所在。每一个人都是别人无法取代的绝对存在，有自己的特殊价值。每个人都应该喜欢自己，善待自己，这样才会快乐，才会有成绩。